Neues verkehrswissenschaftliches Journal

Ausgabe 25

Sinn² – Die barrierefreie Zwei-Sinne-Fahrgastinformation

Ergebnisse des Forschungsprojekts

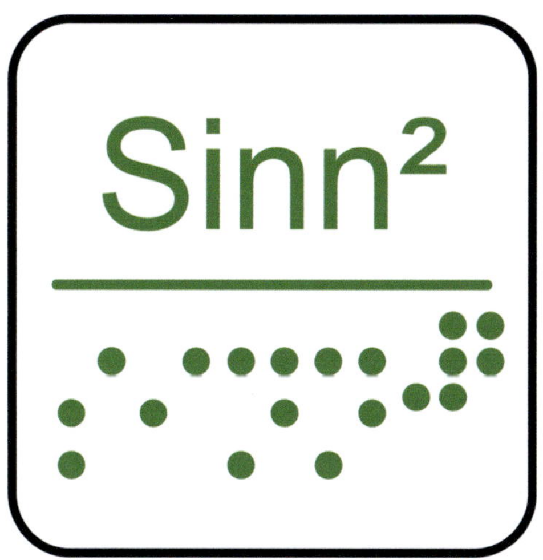

Gefördert im Rahmen des Förderprogramms
„Nachhaltig mobil: Wissenstransfer von der Forschung in die Praxis"
des Ministeriums für Verkehr Baden-Württemberg

Dipl.-Wi.-Ing. Stefan Tritschler, Prof. Dr. rer. pol. Susanne Schäfer-Walkmann,
Prof. Dr.-Ing. Ullrich Martin, Dipl.-Inf. Stefan Schmidhäuser,
Alessa Peitz, Sozialpädagogin (cand. M.A.), Dipl.-Vw. techn. Carlo von Molo

Institut für Eisenbahn- und Verkehrswesen der Universität Stuttgart

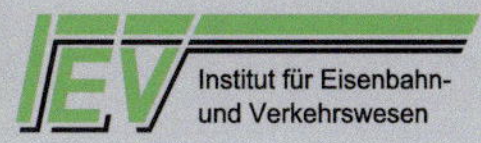

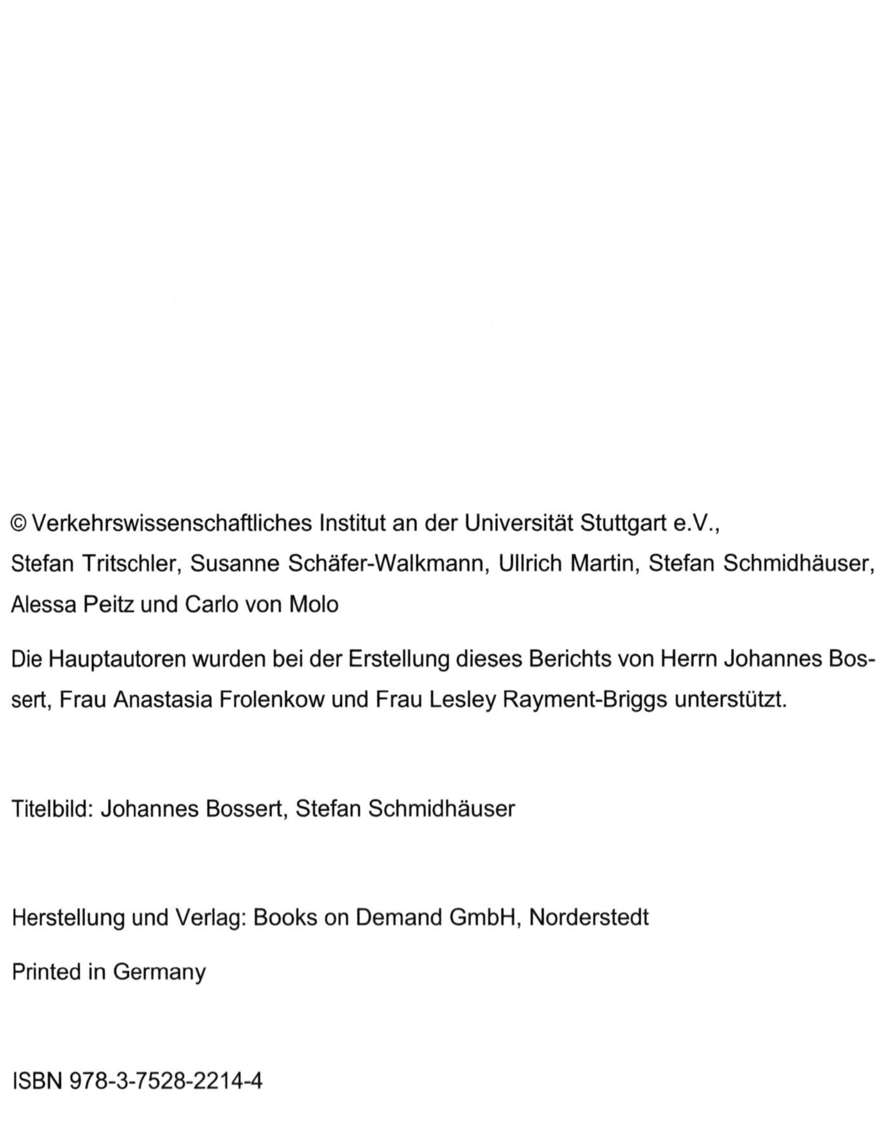

Die Hauptautoren wurden bei der Erstellung dieses Berichts von Herrn Johannes Bossert, Frau Anastasia Frolenkow und Frau Lesley Rayment-Briggs unterstützt.

Titelbild: Johannes Bossert, Stefan Schmidhäuser

Herstellung und Verlag: Books on Demand GmbH, Norderstedt

Printed in Germany

ISBN 978-3-7528-2214-4

Vorwort

Liebe Leserinnen und Leser,

im Bereich der Barrierefreiheit des ÖPNV standen in der Vergangenheit häufig die Belange von mobilitätseingeschränkten Fahrgästen im Vordergrund, während die Belange von Menschen mit Wahrnehmungseinschränkungen nicht voll zur Geltung kamen. Besonders betroffen sind dabei Sehbehinderte und Blinde, die nicht oder nur mit Hilfsmitteln in der Lage sind, z. B. Fahrplanaushänge oder Netzpläne zu erfassen.

Diese Kommunikationsbarrieren werden insbesondere bei der zunehmenden Verbreitung von Echtzeit-Fahrgastinformationen deutlich. Die Echtzeitinformationen werden auf den Anzeigern in Bahnhöfen und Haltestellen visuell dargestellt und sind im Internet oder per App abrufbar. Diese Darstellungsformen erschweren Sehbehinderten und Blinden die Nutzung und führen zu Zugangshemmnissen und Unsicherheiten bei der Benutzung des ÖPNV.

Ziel des Projektes Sinn² war es daher, landesweit eine barrierefreie sowie echtzeitfähige Fahrgastinformation für blinde und sehbehinderte Personen zur Verfügung zu stellen, um für diese den ÖPNV zuverlässiger und attraktiver zu gestalten. Um dies zu ermöglichen, wurde im Projekt eine Fahrgastinformation in Form einer App für Smartphones realisiert, welche insbesondere hinsichtlich der Bedienung speziell auf die Bedürfnisse der genannten Zielgruppen abgestimmt ist.

Dadurch lassen sich zeit- und kostenintensive Maßnahmen an der Infrastruktur der Haltestellen (z. B. Ausstattung mit DFI-Anzeigern, die zusätzliche akustische Informationen zur Verfügung stellen) und eventuell auch in den Fahrzeugen vermeiden. In Folge dessen lässt sich die barrierefreie sowie echtzeitfähige Fahrgastinformation ohne nennenswerten Mehraufwand großflächig verbreiten – auch in ländlichen Regionen mit geringem Fahrgastaufkommen.

Stuttgart, im Juli 2018

Stefan Tritschler, Susanne Schäfer-Walkmann, Ullrich Martin, Stefan Schmidhäuser, Alessa Peitz und Carlo von Molo

Inhaltsverzeichnis

Sinn² - Die barrierefreie Zwei-Sinne-Fahrgastinformation 3

Ergebnisse des Forschungsprojekts 3

Inhaltsverzeichnis 7

Abbildungsverzeichnis 10

1 Ausgangslage und Motivation 13

    1.1 Entwicklung des ÖPNV im Land 13

    1.2 Zielstellung Barrierefreiheit 13

    1.3 Berücksichtigung sensorischer Einschränkungen 14

    1.4 Stand der Wissenschaft und Technik 16

    1.5 Ziel des Projekts Sinn² 18

    1.6 Vorgehen und Struktur des Projekts Sinn² 19

2 Stand der Technik 21

    2.1 Barrierefreiheit durch mobile Anwendungen 21

    2.2 Soester BusGuide / Ivanto App 21

    2.3 DyFIS-Talk 23

    2.4 easy.GO 24

    2.5 aim4it 25

    2.6 Blindeninformationssystem BLIS 26

    2.7 Barrierefreie Nutzung von Smartphones 28

        2.7.1 Bildschirmlupe 28

        2.7.2 Screen-Reader 29

3 Zielgruppe und Anforderungen der Zielgruppe 32

    3.1 Umwelt und Sehbehinderung: Die Welt des Nicht-Sehens 32

    3.2 Blindheit: Begriffliche Klärung 34

    3.3 Barrierefreiheit: Der gesetzliche Hintergrund 36

    3.4 Mobilität im öffentlichen Raum bei Einschränkungen des Sehsinns 38

    3.5 Barrierefreiheit im öffentlichen Nahverkehr bei Einschränkungen des Sehsinns 40

4 Gemeinsame Forschung mit der Zielgruppe 43

5 Entwicklungsphase **46**

    5.1 App Entwicklung 46

        5.1.1 Betriebssystem 46

        5.1.2 Entwicklungsumgebung 47

        5.1.3 Programmiersprache 48

        5.1.4 Unterstützte Geräte 48

    5.2 App Distribution 49

6 Pilotversion **52**

    6.1 Design und Funktionen der App 52

    6.2 Optimierung von Apps für Screen-Reader 52

        6.2.1 Herausforderungen bei der Nutzung von Screen-Readern 52

        6.2.2 Elemente, die den Aufbau der Anzeige verändern 53

        6.2.3 Fragmentierung von Informationen durch Einzelelemente 54

        6.2.4 Falsche Reihenfolge der Elemente 56

        6.2.5 Schwer in akustische Informationen umwandelbare Elemente 57

        6.2.6 Überflüssige Elemente ohne Informationsgehalt 60

    6.3 Design und Struktur der Sinn²-App 61

        6.3.1 Allgemeine Designentscheidungen 61

        6.3.2 Hilfe-Menü in Textform auf Hauptseite 61

        6.3.3 Navigationszeile für erweiterte Funktionen 63

        6.3.4 Klar strukturierte Ansichten mit überschaubarer Elementdichte 64

        6.3.5 Geführte Routenplanung mit Zwischenschritten 65

        6.3.6 Auswahl der angebotenen Farbschemata 66

    6.4 Funktionsgruppe Fahrgastinformation 68

        6.4.1 Hauptmenü der Fahrgastinformation 68

        6.4.2 Favoriten 70

        6.4.3 Planung 74

        6.4.4 Nächstgelegen 95

    6.5 Weitere Funktionen 100

        6.5.1 Kontakte 100

        6.5.2 Optionen 101

7 Studiendesign und Projektverlauf ... **104**

7.1 Partizipatives Forschungsdesign ... 104

7.2 Gruppendiskussionen ... 106

7.3 Telefoninterviews ... 109

7.4 Teilnehmende Beobachtungen ... 112

8 Auswertung der Ergebnisse ... **116**

8.1 Auswertung Entwicklung ... 116

8.1.1 Umfang der Auswertung ... 116

8.1.2 Auswertung Telefoninterview t1-Entwicklungsphase ... 116

8.1.3 Auswertung Telefoninterview t2-Entwicklungsphase ... 118

8.2 Auswertung Testphase ... 120

8.2.1 Umfang der Auswertung ... 120

8.2.2 Teilnehmende Beobachtung ... 121

8.2.3 Auswertung Telefoninterview t3 Testphase ... 136

9 Fazit und Ausblick ... **147**

9.1 Ergebnisse des Projekts ... 147

9.2 Resümee der Zielgruppe ... 148

9.3 Weiterer Entwicklungsbedarf ... 150

9.4 Überführung der App in den flächendeckenden Dauerbetrieb ... 150

Abbildungsverzeichnis

Abbildung 1: DFI-Anzeiger in Neuenstadt am Kocher 15

Abbildung 2: Gleicher DFI-Anzeiger aus der Sicht eines Sehbehinderten mit 5% bis 10% Sehkraft.................... 15

Abbildung 3: DFI-Anzeiger mit Taster für akustische Ansage...................... 17

Abbildung 4: Soester BusGuide.................... 22

Abbildung 5: DyFIS-Talk.................... 24

Abbildung 6: easy.GO.................... 25

Abbildung 7: Zoom-Funktion mit Graustufen-Filter 28

Abbildung 8: Braillezeile zur Verwendung am Computer.................... 30

Abbildung 9: Entwicklungsumgebung XCODE 48

Abbildung 10: Einsatz von Containern zur Gruppierung von Elementen 55

Abbildung 11: Umgang mit überflüssigen oder nicht übersetzbaren Elementen 59

Abbildung 12: Hauptseite des Leitfadens.................... 62

Abbildung 13: Funktionsbeschreibung - Routenplanung 62

Abbildung 14: Angebotene Farbschemata.................... 67

Abbildung 15: Hauptmenü der Fahrgastinformation 68

Abbildung 16: Favoriten Menü.................... 70

Abbildung 17: Untermenü - Routen Favoriten, Normal- und Bearbeitungsmodus.................... 71

Abbildung 18: Untermenü – Haltestellen Favoriten, Normal- und Bearbeitungsmodus.................... 73

Abbildung 19: Planung-Menü.................... 74

Abbildung 20: Ablauf Routenplanung Start-Ziel.................... 76

Abbildung 21: Angabe des Abfahrtsorts 77

Abbildung 22: Vorgeschlagene Orte bei mehrdeutiger Eingabe (Eingabe: Oper).................... 77

Abbildung 23: Auswahl ob weiterer Zwischenhalt gewünscht ist 80

Abbildung 24: Auswahl ob Abfahrts- oder Ankunftszeit verwendet wird 81

Abbildung 25: Eingabemaske Datum.................... 81

Abbildung 26: Kompaktmodus – Angabe Abfahrts- und Zielort 83

Abbildung 27: Kompaktmodus – Angabe Abfahrts- oder Ankunftszeit 83

Abbildung 28: Liste der Zusammenfassungen der ermittelten Routen 84

Abbildung 29: Detailansicht einer Verbindung 86

Abbildung 30: Ablauf Routenplanung Schnellplanung 89

Abbildung 31: Angabe einer Haltestelle zur Abfrage der Abfahrstafel 90

Abbildung 32: Auswahl zwischen Live oder Plan Abfahrtstafel 90

Abbildung 33: Live Abfahrtstafel 92

Abbildung 34: Live Abfahrtstafel als Ersatz für Haltestellenanzeiger............... 93

Abbildung 35: Fahrplan Abfahrtstafel 94

Abbildung 36: Übersicht über Haltestellen in der Umgebung 96

Abbildung 37: Live Abfahrtstafel einer nahegelegenen Haltestelle.................. 96

Abbildung 38: Navigationshilfe mit Richtungsanzeige 98

Abbildung 39: Kontaktmenü 100

Abbildung 40: Optionsmenü 102

Abbildung 41 Terminübersicht Datengewinnung.. 105

Abbildung 42: Ablaufplanung des Praxistests 108

Abbildung 43: Genutzte Routenplanungs-Anwendungsfälle während der
teilnehmenden Beobachtungen 127

Abbildung 44: Genutzte „Nächstgelegen"-Anwendungsfälle während der
teilnehmenden Beobachtungen 128

Abbildung 45: Genutzte „Live-Fahrplan"-Anwendungsfälle während der
teilnehmenden Beobachtungen 129

Abbildung 46: Nutzungshäufigkeit der Sinn²-App.. 137

Abbildung 47: Anwendungssicherheit und Routine im Umgang mit der Sinn²-
App... 138

Abbildung 48: Einschätzung der Aufgabenangemessenheit der Sinn²-App ... 140

Abbildung 49: Einschätzung der Selbstbeschreibungsfähigkeit der Sinn²-
App... 141

Abbildung 50: Einschätzung der Steuerbarkeit der Sinn²-App 142

Abbildung 51: Einschätzung der Erwartungskonformität der Sinn²-App 143

Abbildung 52: Einschätzung der Fehlertoleranz der Sinn²-App...................... 144

Abbildung 53: Einschätzung der Individualisierbarkeit der Sinn²-App 145

Abbildung 54: Einschätzung der Lernförderlichkeit der Sinn²-App 146

1 Ausgangslage und Motivation

1.1 Entwicklung des ÖPNV im Land

Der öffentliche Personennahverkehr (ÖPNV) in Baden-Württemberg wird von den Bürgerinnen und Bürgern rege genutzt, insbesondere in den Ballungsräumen konnte durch die Investitionen der letzten Jahrzehnte in den schienengebundenen ÖPNV die Zahl der Fahrgäste deutlich gesteigert werden. Ein weiterer Anstieg des Anteils des ÖPNV zu Lasten des motorisierten Individualverkehrs ist ein wichtiges landespolitisches Ziel, um zusätzlich auch die CO_2-Emissionen des Verkehrs zu verringern und die Verkehrssicherheit zu erhöhen.

Für eine weitere Steigerung der Attraktivität des ÖPNV sind unterschiedliche Faktoren von Bedeutung. Dabei spielen neben den tariflichen Konditionen insbesondere die Reisezeit der Fahrgäste sowie die Pünktlichkeit und Zuverlässigkeit des ÖPNV eine wichtige Rolle. Dazu kommt ein stetig steigendes Kundenbedürfnis an aktuellen Informationen über den ÖPNV, welches sich im Wunsch nach einer verstärkten Ausstattung von Haltestellen mit Dynamischen Fahrgastinformationsanzeigern (DFI) sowie in der stark ansteigenden Nutzung von Fahrplanauskunftsdiensten im Internet und über mobile Endgeräte zeigt.

1.2 Zielstellung Barrierefreiheit

Die Gewährleistung einer **gleichberechtigten Teilhabe von Menschen mit Behinderungen** am Leben in der Gesellschaft und die Ermöglichung einer selbstbestimmten Lebensführung ist ein wichtiges gesellschaftspolitisches Ziel. Die wichtigsten Aussagen dazu sind im Gesetz zur Gleichstellung behinderter Menschen (BGG) gebündelt, welches eine Beseitigung aller räumlichen Barrieren und Kommunikationsbarrieren im Sinne der Barrierefreiheit anstrebt.

Dabei wird auch explizit auf den ÖPNV verwiesen und das Ziel vorgegeben, dass dieser auch für Menschen mit Behinderung möglichst ohne fremde Hilfe zugänglich und nutzbar ist. Das Personenbeförderungsgesetz (PBefG) konkretisiert diese Vorgabe des BGG und macht den Aufgabenträgern des ÖPNV in § 8 Abs. 3 die Vorgabe, die Belange der in ihrer Mobilität oder sensorisch eingeschränkten Menschen mit dem Ziel zu berücksichtigen, für die Nutzung des ÖPNV bis zum 1. Januar 2022 eine vollständige Barrierefreiheit zu erreichen. Detaillierte Informationen dazu finden sich in Kapitel 3.3.

Um diesem Ziel gerecht zu werden, wurden im ÖPNV in den letzten Jahren große Anstrengungen unternommen, um eine möglichst weitreichende Barrierefreiheit zu erreichen. Bei diesen Anstrengungen stehen meist mobilitätseingeschränkte Personen im Vordergrund, da die Maßnahmen (z. B. barrierefreier Zugang zum Bahnsteig mittels Aufzügen und Rampen oder Angleichung der Bahnsteighöhe an die Einstiegshöhe der Fahrzeuge) auch vielen weiteren Fahrgästen (z. B. mit Kinderwagen, Fahrrädern oder Gepäck) zu Gute kommen.

1.3 Berücksichtigung sensorischer Einschränkungen

Durch den Fokus auf mobilitätseingeschränkte Personen kommen bei der Schaffung eines barrierefreien und attraktiven ÖPNV die Belange von Menschen mit Wahrnehmungseinschränkungen nicht voll zur Geltung. Besonders betroffen sind dabei Sehbehinderte und Blinde, die nicht oder nur mit Hilfsmitteln in der Lage sind, z. B. Fahrplanaushänge oder Netzpläne zu erfassen.

Diese Kommunikationsbarrieren werden insbesondere bei der zunehmenden Ausstattung von Bahnhöfen und Haltestellen mit Dynamischen Fahrgastinformationsmedien deutlich. Die Echtzeitinformationen werden auf den Anzeigern visuell dargestellt und schließen damit die Gruppe der Sehbehinderten und Blinden von der Nutzung aus. Die Folgen hiervon sind Zugangshemmnisse und Unsicherheiten bei der Benutzung des ÖPNV.

Um zu verdeutlichen, wie eine Einschränkung der Sehkraft Personen von der Nutzung der DFIs ausschließen, da sie den angezeigten Inhalt nicht lesen können, zeigen die beiden folgenden Abbildungen einen DFI-Anzeiger – einmal ohne und einmal mit Einschränkung der Sehkraft.

Abbildung 1: DFI-Anzeiger in Neuenstadt am Kocher

Abbildung 2: Gleicher DFI-Anzeiger aus der Sicht eines Sehbehinderten mit 5% bis 10% Sehkraft

Diese Problematik führte bereits zur Kritik der Blinden- und Sehbehindertenverbände und der daraus abgeleiteten Forderung, auch bei der Fahrgastinformation das sogenannte **Zwei-Sinne-Prinzip** zu berücksichtigen. Dieses Prinzip hat die Zielstellung, dass mindestens zwei der drei Sinne „Hören", „Sehen" und „Tasten" angesprochen werden, so dass auch Menschen mit einer sensorischen Einschränkung die Informationen aufnehmen können.

1.4   Stand der Wissenschaft und Technik

Zur Gewährleistung einer barrierefreien und echtzeitfähigen Fahrgastinformation für blinde und sehbehinderte Menschen werden derzeit zwei unterschiedliche Lösungskonzepte verfolgt.

An Haltestellen des ÖV, die mit **DFI-Anzeigern** ausgestattet sind bzw. werden, können Anzeiger eingesetzt werden, die neben der optischen Anzeige auch eine akustische Ansage der Abfahrten anbieten. Derartige Anzeiger sind am Markt erhältlich und werden bereits von einigen Verkehrsunternehmen eingesetzt. In Baden-Württemberg sind solche Anzeiger allerdings noch nicht sehr verbreitet. Ein Beispiel für den Einsatz bietet die kürzlich ausgebaute Münstertalbahn, an deren Haltestellen Anzeiger mit akustischer Ansage aufgestellt wurden (siehe **Abbildung 3**). Bei einem Druck auf den Taster am Mast des DFI-Anzeigers werden alle Informationen vorgelesen, die auf dem Anzeiger dargestellt werden.

Abbildung 3: DFI-Anzeiger mit Taster für akustische Ansage

Beim zweiten Lösungskonzept wird auf ortsfeste Anlagen zur Information verzichtet und stattdessen eine von sehbehinderten und blinden Personen nutzbare **Smartphone-App** angeboten. Smartphone-Apps stellen eine günstige Alternative zu stationären Anzeigern dar. Zwischenzeitlich bietet in Deutschland nahezu jedes größere

Verkehrsunternehmen oder jeder größere Verkehrsverbund eine für Smartphones optimierte Fahrgastinformation an, sei es in Form von Apps oder einer mobilen Website. Darüber hinaus bietet die App der Deutschen Bahn neben den eigenen Fahrplandaten auch die vieler anderer Betreiber in Deutschland an.

Bislang gibt es aber noch kaum spezialisierte Apps für die Zielgruppe der Blinden und Sehbehinderten. Ansonsten sind sehbehinderte und blinde Personen darauf angewiesen, sich die Inhalte der App mittels der Sprachausgabe-Funktion ihres Smartphones vorlesen zu lassen. Da die Apps meist nicht im Hinblick auf die Anforderungen der Barrierefreiheit entwickelt wurden, werden häufig nicht alle relevanten Informationen auf der Oberfläche der App angezeigt. So sind z. B. Angaben zu Zeiten, Linien oder Gleisen lediglich als Zahlen ohne Kontext dargestellt, so dass die Sprachausgabe -Funktion nur eine Zahlenreihe ohne Zusammenhang vorlesen kann. Der Stand der Technik in diesem Bereich ist in Kapitel 2 beschrieben.

1.5   Ziel des Projekts Sinn²

Um landesweit eine barrierefreie und echtzeitfähige Fahrgastinformation für blinde und sehbehinderte Personen zu ermöglichen, wurde im Projekt „**Sinn² – Die barrierefreie Zwei-Sinne-Fahrgastinformation**" eine Fahrgastinformation in Form einer App für Smartphones realisiert, welche insbesondere hinsichtlich der Bedienung speziell auf die Bedürfnisse der Zielgruppen blinder und sehbehinderter Personen abgestimmt ist. Darüber hinaus sollen von der Realisierung des Zwei-Sinne-Prinzips auch weitere Nutzergruppen profitieren, vor allem Seniorinnen und Senioren aber auch Analphabeten sowie Personen, welche aufgrund einer geistigen Behinderung die herkömmlichen Fahrgastinformationsmedien (wie zum Beispiel Apps, Aushangfahrpläne und Dynamische Fahrgastinformationsanzeiger) nicht nutzen können.

Durch das Projekt Sinn² lassen sich zeitintensive sowie kostspielige Maßnahmen an der Infrastruktur der Haltestellen (z. B. Ausstattung mit DFI-Anzeigern, die zusätzliche akustische Informationen zur Verfügung stellen) und ggf. auch in den Fahrzeugen vermeiden. Im Gegensatz zu infrastrukturbasierten Lösungen lässt sich durch Sinn² die barrierefreie sowie echtzeitfähige Fahrgastinformation ohne nennenswerten Mehraufwand großflächig verbreiten – auch in ländlichen Regionen mit geringem Fahrgastaufkommen.

1.6 Vorgehen und Struktur des Projekts Sinn²

Im Projekt arbeiteten drei profilierte Partner mit vielfältigen Erfahrungen auf dem Gebiet des Verkehrswesens und der Sozialwissenschaft zusammen. Das Projektkonsortium besteht aus der VWI Verkehrswissenschaftliches Institut Stuttgart GmbH (VWI), dem Institut für Eisenbahn- und Verkehrswesen (IEV) der Universität Stuttgart sowie dem Institut für angewandte Sozialwissenschaften, Zentrum für kooperative Forschung der DHBW Stuttgart. VWI und IEV übernehmen dabei den verkehrswissenschaftlichen Part und das Institut für angewandte Sozialwissenschaften die sozialwissenschaftliche Begleitung des Projekts. Die Federführung des Konsortiums lag bei der VWI Stuttgart GmbH.

Die **Entwicklung der Smartphone-App** erfolgte zweistufig. Zunächst wurde ein Prototyp der App spezifiziert und programmiert, der bereits alle wesentlichen Funktionen beinhaltete, aber noch nicht mit Echtzeitdaten arbeitete. In Kleingruppen-Treffen mit Testpersonen der Zielgruppe wurde der Prototyp vorgestellt und von den Teilnehmern getestet. Die aus diesen Nutzbarkeitstests resultierenden Rückmeldungen, Anregungen und Erkenntnisse flossen in die Weiterentwicklung der App ein. Dadurch konnte in der zweiten Stufe der App-Entwicklung die Pilotversion der App erstellt werden. Diese berücksichtigt die Ergebnisse der Nutzbarkeitstests und wird mit Echtzeitdaten des VVS versorgt, so dass sie voll funktionsfähig ist. Dies wurde im Rahmen einer halbjährigen Pilotphase nachgewiesen, in der Anwender aus der Zielgruppe die App im täglichen Leben nutzten. Daraus resultierende Rückmeldungen wurden iterativ in die Weiterentwickelung der App eingespeist, so dass während der Pilotphase überarbeitete Versionen der App entstanden und evtl. noch vorhandene Defizite der App behoben wurden. Entwicklung, Design und Funktionen der App werden in den Kapiteln 5 und 6 beschrieben.

Die Umsetzung des Projekts erfolgte durch eine gemischte Arbeitsgruppe aus Ingenieuren, Technikern und Sozialwissenschaftler/innen. Das Forschungsdesign war hermeneutisch und formativ angelegt, wodurch im Prozess systematisch Erkenntnisse generiert wurden, die bei Bedarf in das Projekt eingespeist werden konnten. Forschungsmethodologisch wurde dabei ein Ansatz der *„Triangulation Between Methods"* (vgl. Denzin/Lincoln 2011) verfolgt, um das Vorhaben in seiner Tiefe und Breite zu erfassen und bereits während der Entwicklungsphase möglichst generalisierbare Aussagen zu erhalten.

Die Aufgabe der **sozialwissenschaftlichen Begleitforschung** bestand somit zum einen daraus, den Entwicklungs- und Ausgestaltungsprozess der barrierefreien Fahrgastinformation Sinn² zu flankieren und durch die generierten inhaltlichen sowie organisatorischen Erkenntnisse den Prozess und auch das Endergebnis zu verbessern und zu stabilisieren. Dabei beteiligte das Institut für angewandte Sozialwissenschaften Stuttgart die Zielgruppe der Blinden- und Sehbehinderten konsequent im Sinne einer partizipativen Aktionsforschung. Die Zielgruppe und ihre Anforderungen sowie die gemeinsame Forschung mit der Zielgruppe werden in den Kapiteln 3 und 4 beschrieben. Die Integration der Zielgruppe in die Entwicklung sowie die Einschätzung der Ergebnisse durch die Zielgruppe werden in den Kapiteln 7 und 8 beschrieben.

2 Stand der Technik

2.1 Barrierefreiheit durch mobile Anwendungen

Der Bedarf nach Methoden zur Einbindung von Personen mit Einschränkungen in den ÖPNV wurde bereits in der Vergangenheit erkannt. Dabei wurden früh Maßnahmen zur Erweiterung der vorhandenen Infrastruktur entwickelt, um Barrierefreiheit herzustellen. Während diese bei neu angelegten Haltestellen schon in der Planungsphase mitberücksichtigt werden können, gestaltet sich die Nachrüstung bestehender Infrastrukturen hierbei jedoch deutlich schwieriger. Zudem benötigt die Mehrheit dieser infrastrukturgebundenen Lösungen eine Anbindung an das Stromnetz, damit beispielsweise Anzeiger mit Vorlesefunktion überhaupt betrieben werden können. Dies kann insbesondere in ländlichen und abgelegenen Gebieten zu nicht zu vernachlässigendem Aufwand bei der Aus- beziehungsweise Umrüstung von Haltestellen führen.

Die schnelle Verbreitung und Akzeptanz von Smartphones, gepaart mit der sich stets verbessernden Leistungsfähigkeit dieser Geräte zeigte schnell, dass im Bereich mobiler Geräte ein hohes Potential vorhanden ist. Mithilfe von Anwendungen (Apps), die speziell für Smartphones entwickelt wurden, können ohne Anschaffung zusätzlicher Ausrüstung oder Durchführung kostspieliger Baumaßnahmen breitflächig Lösungen zur Fahrgastinformation implementiert werden. Da diese Geräte aufgrund neuartiger, durch den für Smartphones typischen Touchscreen möglich gewordene Bedienformen auch unter sehbehinderten Personen weite Verbreitung finden, liegt der Gedanke nahe, diese in Ansätze zur Verbesserung der Barrierefreiheit mit einzubinden.

Im Folgenden werden diesbezüglich einige Projekte vorgestellt, deren Ziel es ist unter Verwendung von mobilen Geräten die Barrierefreiheit im ÖPNV zu verbessern.

2.2 Soester BusGuide / Ivanto App

Das Ziel des Soester BusGuide bzw. der Ivanto App der GeoMobile GmbH (vgl. Ivanto 2017) besteht darin, den Benutzer über seine gesamte Fahrt zu begleiten und ihn dabei mit einer Vielzahl von Informationen und Funktionen zu unterstützen.

Um dies zu realisieren, werden von der GeoMobile GmbH eigens entwickelte Bluetooth Module eingesetzt, die an Infrastruktur und in Fahrzeugen verbaut werden.

Dadurch ist es der Ivanto App möglich eine direkte Verbindung zwischen Infrastruktur, Fahrzeug und Smartphone herzustellen und über diese Informationen auszutauschen, woraus sich neue Einsatzmöglichkeiten ergeben.

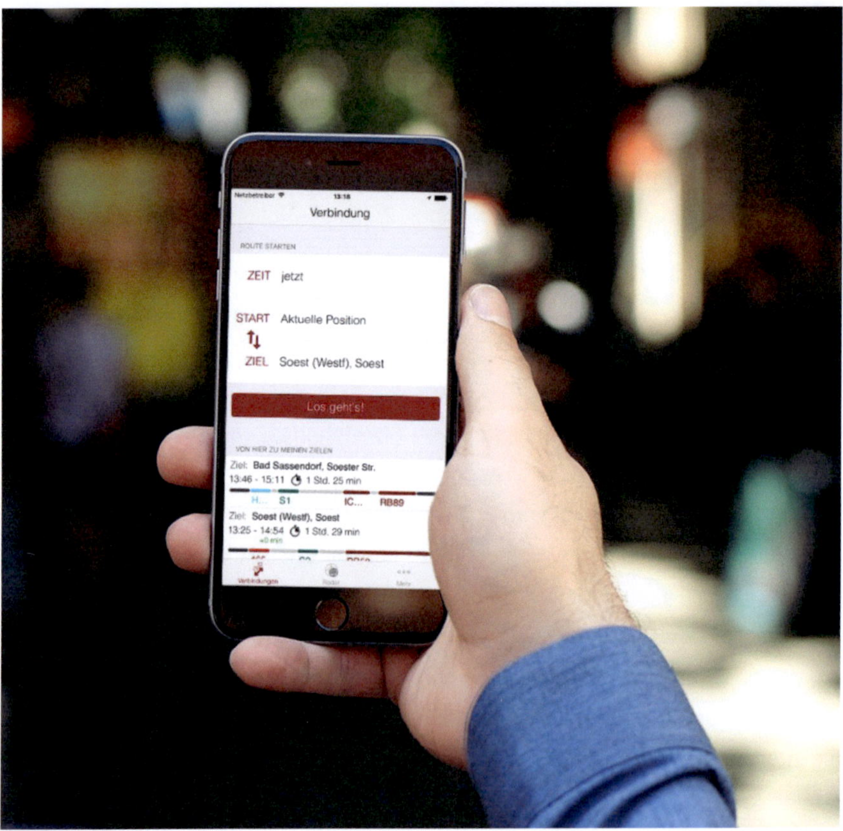

Abbildung 4: Soester BusGuide   (Bildquelle: GeoMobile GmbH, www.ivanto.de)

Neben der Übertragung der üblichen Informationen zu Linienverläufen, Verspätungen und weiteren Informationen ist es beispielsweise einem einfahrenden Fahrzeug möglich, sich direkt gegenüber den Fahrgästen an einer Haltestelle zu identifizieren und auf dessen Linie und Fahrtrichtung hinzuweisen. Fahrgäste werden im Fahrzeug stets über den aktuellen Fahrtverlauf informiert und können so von der Ivanto App rechtzeitig darauf hingewiesen werden, wenn eine Haltestelle angefahren wird, an der der

Fahrgast aussteigen muss. Da die Verbindung in beide Richtungen funktioniert, können zudem Funktionen wie das Anmelden eines Haltewunsches, direkt über das Smartphone erfolgen.

Da über Bluetooth außerdem eine Positionsbestimmung über kurze Distanzen möglich ist, ermöglichen die verbauten Bluetooth Module eine Führung des Benutzers mithilfe der Ivanto App. So können beispielsweise an Haltebuchten oder Gleisen einer Haltestelle jeweils individuelle Module angebracht werden, die anschließend vom Mobilgerät angesteuert werden können. Aufgrund der direkten Verbindung zwischen Modulen und Mobilgerät, ist diese Art der Navigation auch problemlos an unterirdischen Haltestellen oder in Gebäuden realisierbar. Fahrzeugseitig bietet die Ivanto App ein Tür-Finde-Signal an, über welches dem Benutzer die genaue Position der Ein- bzw. Ausstiege angegeben wird.

Die Ivanto App bietet eine Vielzahl nützlicher Zusatzfunktionen für sehbehinderte und blinde Menschen an. Dabei können viele dieser Funktionen jedoch lediglich mithilfe der zusätzlich verbauten externen Bluetooth Module umgesetzt werden.

2.3 DyFIS-Talk

Die DyFIS-Talk-App (vgl. LUMINO 2017) der Firma LUMINO Licht Elektronik GmbH aus Krefeld soll die von den in der Infrastruktur verbauten dynamischen Informationsanzeigern angebotenen Informationen auch barrierefrei über das Smartphone zur Verfügung stellen.

Zu den angebotenen Funktionen gehören insbesondere die Anzeige von Abfahrtszeiten an Haltestellen und der dazugehörigen Linienverläufe. Um Barrierefreiheit zu erreichen, kann in der App ein eigener Vorlesemodus aktiviert werden, der die auf dem Bildschirm angezeigten Informationen akustisch wiedergibt. Um Konflikte zu vermeiden, wird der Vorlesemodus automatisch deaktiviert, wenn eine vergleichbare Bedienungshilfe des Betriebssystems aktiviert ist.

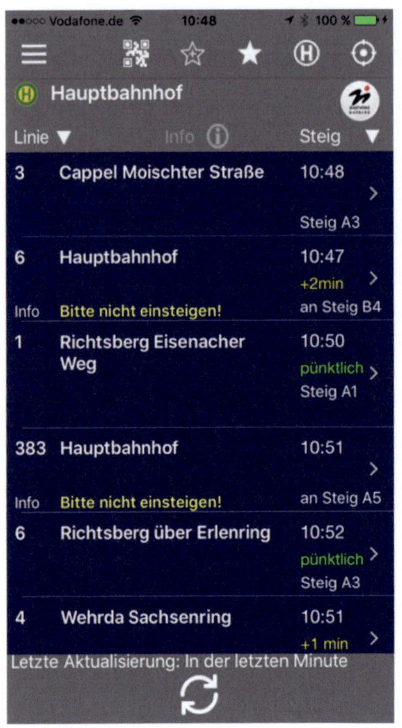

Abbildung 5: DyFIS-Talk
(Bildquelle: LUMINO Licht Elektronik GmbH, www.lumino.de)

Ähnlich zum Ansatz der Ivanto App unterstützt auch LUMINO die Verwendung eigener Bluetooth Beacons (kleine Sender oder Empfänger, die auf der Bluetooth Low Energy (BLE) oder auch Bluetooth Smart Technologie basieren). Bewegt sich ein Mobilgerät in Reichweite eines solchen Beacons, kann über DyFIS-Talk eine vordefinierte automatische Ansage ausgelöst werden. Hierdurch können beispielsweise Zugänge zu verschiedenen Gleisen für Sehbehinderte und Blinde markiert werden. Solange sich ein Mobilgerät in Reichweite eines Beacons befindet, können zudem dynamisch Infotexte vorgelesen werden, die den Benutzer über Veränderungen an der lokalen Situation informieren.

Die Benutzung der Zusatzfunktionen in Form dynamischer lokaler Ansagen benötigt hierbei ebenfalls die Nachrüstung der Infrastruktur mit externer Hardware. Eine Navigation über die Bluetooth Beacons ist hier nicht vorgesehen.

2.4   easy.GO

Die easy.GO App des Mitteldeutschen Verkehrsverbundes GmbH (vgl. MDV 2017) bietet umfangreiche Funktionen zur Fahrgastinformation und zum online Ticketkauf an. Besonders hervorzuheben ist hierbei, dass sie im Vergleich zu Apps anderer Verkehrsunternehmen über eine spezielle Sehbehindertenansicht verfügt, die über das Optionsmenü aktiviert werden kann.

Abbildung 6: easy.GO
(Bildquelle: Mitteldeutscher Verkehrsver-
bund GmbH, www.mdv.de)

Ist die Sehbehindertenansicht aktiviert, wird die Bildschirmanzeige durch eine Hochkontrastdarstellung in Schwarz-Weiß mit großen, untereinander angeordneten Schaltflächen zur erleichterten Bedienung ersetzt. Diese Ansicht eignet sich besser für die Verwendung von Vorlesefunktionen, als andere in vergleichbaren Apps anzutreffende Designs. Außerdem werden Funktionen, die für die Verwendung mit Vorlesefunktionen nicht geeignet sind, bereits im Menü ausgeblendet.

Im Gegensatz zu den bisherigen Projekten greift die easy.GO App nicht auf zusätzliche externe Hardware zu und stellt aus diesem Grund auch nur die heutzutage üblicherweise von vergleichbaren Apps angebotenen Fahrgastinformationen zur Verfügung. Die Sehbehindertenansicht verbessert das Zusammenspiel von App und Bedienungshilfe mit Vorlesemodus deutlich, wobei die von der App angebotenen Funktionalitäten nicht mit auf die Bedürfnisse sehbehinderter und blinder Menschen angepasst werden.

2.5   aim4it

Als Zusammenarbeit der Wiener Linien GmbH &Co. KG, dem Deutschen Zentrum für Luft- und Raumfahrt e.V., der Poznań University of Technology (Posen), der Bergischen Universität Wuppertal, der Fluidtime Data Service GmbH, INIT GmbH, Matrixx IT Services GmbH, Mentz GmbH und SignTime GmbH hatte das Projekt aim4it das Ziel eine integrative und faire Nutzung des öffentlichen Verkehrs für alle Gruppen der Gesellschaft voranzutreiben (vgl. BMVIT 2017).

Dabei wurde ein besonderer Fokus daraufgelegt, Planung und Ablauf einer Reise barrierefrei zu gestalten. Hierzu wird in der Planungsphase anhand der Angaben des Benutzers die einschränkungsfreieste Reisekette ermittelt und dem Benutzer dargestellt. Sehbehinderte werden dabei durch den Text-to-Speech-Kanal (Bedienhilfe des Betriebssystems) unterstützt. Darüber hinaus enthält die App auch eine Avatar-Darstellung, die Ansagen für Gehörlose in Gebärdensprache darstellt.

Start und Ziel können für die Reise fest in der App hinterlegt werden. Treten während der Reise Störungen auf, so erhält der Fahrgast eine Meldung und es werden ihm automatisch auf seine Bedürfnisse abgestimmte Alternativrouten vorgeschlagen.

2.6   Blindeninformationssystem BLIS

Das Gemeinschaftsprojekt BLIS (vgl. BLIS 2005) des Konsortiums Dresdner Verkehrsbetriebe AG, APEX GmbH und Siemens VDO Automotive bezog sich im Gegensatz zu den vorherigen Projekten nicht auf die Nutzung von Smartphones. Stattdessen verwendet der Benutzer einen Sender der entweder in Form einer kleinen Fernbedienung vorliegen kann oder in den Griff des Blindenstocks eingebaut sein kann. Damit ist dieses System auch für Personen ohne Smartphone nutzbar. Der Sender ist dabei mit drei Kommandotasten ausgestattet, die bei Betätigung über den Bordcomputer eines in der Nähe befindlichen und mit entsprechendem Empfänger ausgestatten Fahrzeugs eine entsprechende Aktion anstoßen.

Über eine der Tasten kann der Fahrgast beispielsweise eine Ansage der Linie und der Richtung des Fahrzeugs über dessen Außenlautsprecher auslösen. So ist es ihm möglich ein Fahrzeug zu identifizieren und er kann sich sicher sein in das richtige Fahrzeug einzusteigen.

Über eine weitere Tastenfunktion kann der Fahrgast seinen Wunsch zur Mitfahrt oder zum Ausstieg als Information an den Fahrer weiterleiten. Dieser wird in einem solchen Fall über akustische und visuelle Hinweise auf die Situation hingewiesen und kann entsprechend reagieren, indem er zusätzliche Türen öffnet oder dem Fahrgast Hilfestellung leistet.

Ist der Fahrgast unsicher oder hat er eine vorherige Ansage nicht richtig verstanden, kann er als weitere Funktion eine Wiederholung der Haltestellenansagen anfordern.

Fallen Wiederholungswunsch und automatische Ansage zusammen, so entfällt die Ansage für den blinden Fahrgast.

Auch in diesem Projekt wurde externe Hardware verwendet und Fahrzeuge entsprechend nachgerüstet. Eine Nachrüstung ist hierbei jedoch bei fast allen aktuellen Fahrzeugen im Bereich des ÖPNV problemlos möglich.

2.7   Barrierefreie Nutzung von Smartphones

2.7.1   Bildschirmlupe

Sehbehinderungen können sehr unterschiedlich ausgeprägt sein. Oftmals verfügen sehbehinderte Menschen über genügend **Restsehkraft** um ausreichend große oder

Abbildung 7: Zoom-Funktion mit Graustufen-Filter

nahe Objekte zu erkennen und Schrift zu lesen. In solchen Fällen ist es nicht unbedingt nötig Bedienhilfen mit Vorlesefunktion zu benutzen.

Um Personen mit Restsehkraft zu unterstützen bieten die Betriebssysteme der aktuellen Smartphones die Option an, eine **Bildschirmlupe** oder **Zoom-Funktion** einzuschalten, die Teile der Anzeige vergrößert und damit den Text leichter erkennbar macht.

In **Abbildung 7** ist ein Smartphone des Typs iPhone 6 mit aktivierter Zoom-Funktion des Betriebssystems iOS 10 zu sehen. Die Größe des Zoom-Fensters, der Vergrößerungsgrad sowie der Ausschnitt der Anzeige, welcher im Fenster vergrößert wird, können dabei über Berührungsgesten verändert werden. Welche Gesten hierbei jeweils zum Einsatz kommen unterscheidet sich je nach Hersteller des Betriebssystems. Grundsätzlich bieten aber sowohl Android, Apple iOS als auch Windows eine derartige Zoom-Funktion an.

Oftmals sind Sehbehinderungen auch dahingehend ausgeprägt, dass bestimmte Farben oder Farbkombinationen unterschiedlich gut wahrgenommen werden können. Aus diesem Grund wird dem Benutzer die Option geboten den vergrößerten Bereich in

Schwarz-Weiß darstellen zu lassen. Auf diese Weise werden schlecht sichtbare Farben im Anzeigebereich eliminiert und der vergrößerte Ausschnitt für betroffene Personen in vielen Fällen besser lesbar.

2.7.2 Screen-Reader

Für eine stark sehbehinderte oder blinde Person gestaltet sich die Verwendung eines Smartphone ohne zusätzliche Bedienungshilfen als äußerst schwer bis unmöglich. Eine visuelle Orientierung auf dem Display ist in diesem Fall nicht möglich und ein taktiles Zurechtfinden kann nur sehr grob über den Bildschirmrand erfolgen. Da sich angezeigte Inhalte auf dem Bildschirm oft sehr voneinander unterscheiden, ist ein gezieltes Auswählen eines angezeigten Objekts über eine Berührungsgeste somit nahezu unmöglich. Ein weiteres Problem stellt in diesem Zusammenhang die Informationsbereitstellung an sich dar. Informationen werden fast ausschließlich visuell aufbereitet und auf dem Display dargestellt. Somit hat eine stark sehbehinderte oder blinde Person selbst bei erfolgreicher Bedienung des Smartphones kaum eine Möglichkeit, einen Informationsgewinn zu erzielen.

Abhilfe schaffen hierbei sogenannte **Screen-Reader**. Als Screen-Reader wird eine Software bezeichnet, welche die Inhalte eines Bildschirmes in akustische Information in Form von Sprache umwandelt und diese vorlesen kann. Außerdem werden die zur Bedienung eines Smartphones nötigen Gesten so abgeändert, dass ein gezieltes Berühren einzelner Bildschirmelemente nicht länger nötig ist. Stattdessen wird ein Fokuszeiger eingeführt, der bei einfacher Berührung des Bildschirms das an der dortigen Position befindliche Element fokussiert. Dieses wird nicht wie üblicherweise durch die Berührung aufgerufen, sondern stattdessen automatisch vom Screen-Reader umgewandelt und vorgelesen. Erst bei Doppeltippen des Bildschirms, wird das aktuell im Fokus befindliche Element tatsächlich ausgeführt.

Um die Navigation auf der Anzeige zu erleichtern, unterteilt ein Screen-Reader die aktuelle Anzeige in seine Einzelelemente und reiht diese intern aneinander. Dabei wird versucht eine möglichst sinnvolle Reihenfolge der Elemente zu erzielen, indem man sich beim Einordnen der Elemente an deren Position bezüglich der natürlichen Lese-richtung, von links nach rechts und von oben nach unten, orientiert. Anschließend kön-nen die Elemente mithilfe einer einfachen Wisch-Geste sequentiell fokussiert werden.

Eine besondere Herausforderung für Screen-Reader ist die Übersetzung der Bildschir-melemente in eine sinnvolle und akustisch verständliche Information. Texte und be-schriftete Schaltflächen sind vergleichsweise einfach umwandelbar, während komple-xere Elemente und Grafiken nur schwer bis gar nicht automatisch umgewandelt wer-den können. Während der Entwicklung einer App können aus diesem Grund für alle Bildschirmelemente separate Texte für solche Screen-Reader hinterlegt werden, die solche Elemente möglichst gut beschreiben.

Abbildung 8: Braillezeile zur Verwendung am Computer   **(Bildquelle: wikimedia/Ralf Roletschek)**

Als Zusatzfunktion bieten manche Screen-Reader die Möglichkeit an, Texte in einer speziellen **Braillezeile** für Smartphones auszugeben. Diese Braillezeile ist ein Computerausgabegerät, welches Zeichen in Braille- bzw. Blindenschrift ausgibt. Der Nachteil an dieser Möglichkeit ist allerdings, dass die Braillezeile als zusätzliche Hardware mitgeführt werden muss und diese auch im Gegensatz zum klassischen Screen-Reader mit Sprachausgabe nicht kostenfrei in der Anschaffung ist.

Wie bereits die Bildschirmlupe, werden auch Screen-Reader von allen aktuell verbreiteten Betriebssystemen für Smartphones direkt angeboten. Dabei handelt es sich um **Talk-Back** für Android, **Narrator** für Windows sowie **VoiceOver** für iOS, wobei letzteres als Vorreiter in diesem Bereich anzusehen ist. Apple führte als erster Hersteller von Smartphones dieses Feature ein und hat durch die sehr hohe Akzeptanz von VoiceOver unter den Sehbehinderten und Blinden viele heutige de facto Standards für die Bedienung solcher Screen-Reader geschaffen.

3 Zielgruppe und Anforderungen der Zielgruppe

„Unsere Welt ist eine Welt des Sehens. Die gesamte Lebensumgebung ist auf diesen Sinn ausgerichtet. Über 80 % aller Wahrnehmungen nimmt der sehende Mensch heute über die Augen auf. Entsprechend gravierend sind die Konsequenzen für Menschen, die nicht oder nicht gut sehen können. Sie sind deutlich eingeschränkt in der Mobilität, der Kommunikation und im Zugang zu Informationen."

(DBSV 2017)

3.1 Umwelt und Sehbehinderung: Die Welt des Nicht-Sehens

Unsere „Welt des Sehens" ist für Blinde oder Menschen mit einer Sehbehinderung eine ständige Herausforderung. Fehlt der Sehsinn oder ist er stark eingeschränkt, sind die Betroffenen dazu gezwungen, sich in einer Welt zurechtzufinden, die dieser Einschränkung häufig nicht gerecht wird. Blindheit und Sehbehinderung betrifft **alle Bereiche des täglichen Lebens** – privat und beruflich. Alltägliche, für Sehende selbstverständliche Situationen und Tätigkeiten, erfordern für Betroffene einen erhöhten Aufwand an Kraft, Geduld und Zeit oder sind nicht bzw. nur eingeschränkt möglich. Entgegen weit verbreiteter Annahmen bedeutet Blindheit nicht unbedingt, dass die Betroffenen gar nichts mehr sehen können, vielmehr sind Blindheit oder eine vorliegende Sehbehinderung zunächst definitorische Kategorien der Medizin bzw. der Gesetzgebung. Die noch vorhandenen Wahrnehmungen der Betroffenen können dabei je nach Ursache und Verlauf der Beeinträchtigung sehr unterschiedlich sein, sodass die Möglichkeiten und die bestehenden Barrieren individuell variieren: *„Der eine kann noch Bücher lesen, der nächste nimmt seine Umgebung verschwommen wahr, ein anderer kann nicht mehr zwischen hell und dunkel unterscheiden. Sie alle können laut Gesetz blind sein"* (Oliveira 2015, S. 11).

Versucht sich ein Sehender vorzustellen, wie sich ein Blinder oder sehbehinderter Mensch fühlt, *„so kann man leicht zu der Auffassung gelangen, dass diese in ihren Wahrnehmungsmöglichkeiten in höchstem Maße eingeschränkt sind und ihrer Umwelt völlig hilflos gegenüberstehen. Dies jedoch ist ein großer Irrtum: Der Mensch, der auf das Sehen verzichten muss, wird nach einer gewissen Zeit seine übrigen Sinne ver-*

stärkt so einsetzen, dass er damit eine ganze Menge des erlittenen Wahrnehmungsverlustes ausgleichen kann" (Meyer 1999, S. 1). Inwiefern eine körperliche Funktionseinschränkung, wie etwa der Verlust oder die Schwächung des Sehsinns, Auswirkungen auf die individuelle Lebensführung hat, hängt nach dem Verständnis der WHO nicht ausschließlich von der Art und Ausprägung des vorliegenden Gesundheitsproblems ab, sondern vielmehr davon, wie gut es dem Betroffenen gelingt, am Leben teilzuhaben und Aktivitäten auszuführen. *„Behinderung"* wird dabei als *„Oberbegriff für Schädigung, Beeinträchtigung der Aktivität und Beeinträchtigung der Partizipation"* (DIMDI 2004, 11) verstanden.

In der „Internationalen Klassifikation der Funktionsfähigkeit, Behinderung und Gesundheit" (ICF) werden neben den Aspekten der Funktionsfähigkeit auch Kontextfaktoren der Umwelt und der Person mitgedacht, wodurch ein **individueller und ressourcenorientierter Blick** auf die jeweiligen Möglichkeiten und Barrieren für die betroffenen Personen geworfen wird. Demnach haben äußere Einflüsse eine große Auswirkung auf den Grad der individuellen Funktionsfähigkeit und Behinderung. *„Behinderungen werden nicht mehr nur auf eine Schädigung oder Leistungsminderung eines Menschen zurückgeführt oder damit gleichgesetzt. Auch die Interaktion zwischen den gesundheitlichen Charakteristiken und den Umweltfaktoren wird berücksichtigt bzw. die Unfähigkeit des Umfeldes, Menschen mit Behinderungen zu integrieren (…) Je ungünstiger die Umweltfaktoren sind, desto eher wird eine Fähigkeitseinschränkung zu einer Behinderung. Aus diesen Ansätzen resultiert heute ein erweiterter Begriff der Barrierefreiheit, der die freie Zugänglichkeit sowohl im gebauten Umfeld als auch zu Informationen umfasst. Barrierefreiheit hat damit eine soziale Dimension erhalten …"* (Rau 2014, S. 11).

Zu diesen **Umweltfaktoren** zählen beispielsweise Produkte und Technologien, die natürliche und vom Menschen veränderte Umwelt, vorhandene oder nicht vorhandene Unterstützung und Beziehungen, aber auch Dienste, Systeme und Handlungsgrundsätze (DIMDI 2005, 11ff.). *„Die Funktionsfähigkeit und Behinderung eines Menschen wird als eine dynamische Interaktion zwischen Gesundheitsproblemen* [hier Blindheit bzw. Sehbehinderung; Anmerkung der Verfasser] *und den Kontextfaktoren aufgefasst"* (DIMIDI 2005,14). *„Behindert sein"* bedeutet nach diesem Verständnis auch immer *„behindert werden"* (Rösner 2014, S. 9ff.).

Außerhalb dieses persönlichen Nahbereichs, auf dessen Gestaltung das Individuum direkten Einfluss nehmen kann (z. B. durch Hilfsmittel oder bauliche Anpassungen), obliegt die **Gestaltung des öffentlichen Raumes** und der darin enthaltenen Umweltfaktoren der **Gesellschaft.** Zu diesen gehören beispielsweise Organisationen und Dienste, Behörden, das Kommunalwesen, das Verkehrs- und Kommunikationswesen, die Gesetzgebung bzw. informelle Werte und Normen einer Gesellschaft. *„Die barrierefreie Gestaltung des öffentlichen Raums, von öffentlichen Gebäuden, von Anlagen des öffentlichen Personenverkehrs usw. ist ein Baustein hin zu einer inklusiven Gesellschaft"* (BSVW 2014, S. 1). Die Gewährleistung einer **gleichberechtigten Teilhabe von Menschen mit Behinderungen** am Leben in der Gesellschaft und die Ermöglichung einer selbstbestimmten Lebensführung ist daher ein wichtiges gesellschaftspolitisches Ziel. Die zentralen Aussagen dazu sind im Gesetz zur Gleichstellung behinderter Menschen (BGG) gebündelt, welches eine Beseitigung aller räumlichen Barrieren und Kommunikationsbarrieren im Sinne einer Barrierefreiheit anstrebt.

3.2 Blindheit: Begriffliche Klärung

Die häufigste Ursache von Blindheit und Sehbehinderungen sind in hoch entwickelten Ländern wie Deutschland **altersbedingte Augenerkrankungen**. Laut WHO ist die altersabhängige Makuladegeneration in 50% der Fälle in Mitteleuropa die Ursache von Blindheit (Glaukom 18%, Diabetische Retinopathie 17%, Katarakt 5%, Hornhauttrübungen 3%, Erblindung in Kindheit 2,4%, andere Ursachen 4,6%) (DBSVB 2017, S. 1). Aufgrund des demographischen Wandels ist daher trotz der Weiterentwicklung in der Medizin damit zu rechnen, dass die Zahl der Menschen, die durch altersbedingte Augenerkrankungen in ihrer optischen Wahrnehmung eingeschränkt oder sogar blind sind, zunehmen wird. Auch wenn die moderne Medizin wirksame Präventions- und Therapiemöglichkeiten einsetzen kann, ist für manche der Erkrankten eine Erblindung unvermeidbar (vgl. Robert Koch Institut/RKI 2017,1). *„Durch Krankheit oder Unfall erworbene oder häufig auch angeborene Seheinschränkungen, die Sehnerv, Hornhaut, Netzhaut oder Linse betreffen, können in der Regel nicht durch Gläser korrigiert werden. Gleiches gilt für Störungen im Gehirn, speziell als Folge von Schlaganfällen. Im*

Gegensatz zu Blindheit ist die Gruppe der Sehbehinderten sehr inhomogen, da Einschränkungen aus verschiedenen Sehfunktionen resultieren können" (Rau 2014, S. 19).

Eine einheitliche **Definition des Grades der Seheinschränkung** ist besonders für sozialrechtliche Belange hinsichtlich der Gewährung von Hilfen für betroffene Menschen relevant. Doch auch im medizinischen Kontext ist eine einheitliche Begriffsbestimmung wichtig. Zu diesem Zwecke werden im Rahmen der Versorgungsmedizin-Verordnung des Bundesministeriums für Arbeit und Soziales die Begriffe „**Blindheit**", „**hochgradige Sehbehinderung**" und „**Sehbehinderung**" unterschieden. Diese Begriffe werden in Deutschland dabei wie folgt voneinander abgegrenzt (auf internationaler Ebene gibt es zum Teil abweichende Definitionen):

Blindheit liegt vor, wenn das Augenlicht vollständig fehlt, der Visus (Sehschärfe) auf dem besseren Auge nach optischer Korrektur höchstens 0,02 beträgt, andere Störungen des Sehvermögens vorliegen, die dieser Beeinträchtigung gleichkommen (z. B. durch Gesichtsfeldausfälle) oder ein vollständiger Ausfall der Sehrinde nachgewiesen ist.

Hochgradige Sehbehinderung liegt vor, wenn der Visus auf keinem Auge und auch nicht bei beidäugiger Prüfung mehr als 0,05 beträgt oder andere gleich zu achtende Störungen der Sehfunktion vorliegen (d.h. wenn die Einschränkung des Sehvermögens einen Grad der Behinderung (GdB) von 100 bedingt und noch nicht Blindheit vorliegt).

Sehbehinderung liegt vor ab einer Visus-Kombination im Bereich zwischen 0,4/0,02 und 0,2/0,2 oder bei gleich zu bewertenden Gesichtsfeldausfällen (RKI 2017,1).

Der Deutsche Blinden- und Sehbehindertenverband e.V. (DBSV) mahnt an, dass es keine belastbaren Zahlen über die tatsächliche Anzahl der Personen in Deutschland gibt, die blind sind bzw. eine Sehbehinderung haben. *„Das Blinden- und Sehbehindertenwesen benötigt [...] exakte Daten, um daraus eine zielgerichtete Sozialpolitik, Sehgeschädigtenpädagogik und Augenheilkunde ableiten zu können"* (Mehls 2002, S. 1). Auch in der Gesundheitsberichterstattung des Bundes wird darauf hingewiesen, dass *„bundesweite Daten zur Inzidenz von Blindheit und Sehbehinderung sowie zur Prävalenz der verursachenden Erkrankungen"* fehlen (RKI 2017,1). Laut der aktuellen

Schwerbehindertenstatistik des Statistischen Bundesamtes gab es im Jahr 2015 73.070 Menschen in Deutschland, deren schwerste Behinderung die Blindheit war. Weitere 48.428 waren hochgradig sehbehindert und 233.071 hatten eine sonstige Sehbehinderung als schwerste Behinderung. Diese Zahlen bilden jedoch nicht die tatsächliche Anzahl der Betroffenen ab, da keine Meldepflicht bei Schwerbehinderungen besteht und nur die schwerste Behinderung erfasst wird. Es kann daher davon ausgegangen werden, dass die tatsächliche Anzahl weitaus höher ist (Statistisches Bundesamt 2017). Zudem werden andere, weniger schwere Einschränkungen des Sehsinns, die jedoch ebenfalls die Teilhabe beeinflussen können, hierbei nicht berücksichtigt (vgl. RKI 2017,1).

Sehstörungen sind insgesamt weit verbreitet: In der Studie *„Gesundheit in Deutschland aktuell (GEDA)"* des Robert Koch-Instituts haben mehr als 20% der erwachsenen Bevölkerung Schwierigkeiten beim Sehen angegeben, die jedoch als *„leicht"* eingeschätzt werden (RKI 2014,7). Aus der Behindertenstatistik lässt sich zudem entnehmen, dass bei 3,4% der Menschen mit Blindheit oder Sehbehinderung als schwerste Behinderung diese angeboren ist. Bei 1,4% ist sie die Folge eines Unfalls, bei 0,5% ist sie eine anerkannte Kriegs-, Wehrdienst- oder Zivildienstbeschädigung und bei 86,7% ist eine Krankheit die Ursache (Frauen: 88,7%, Männer: 83,8%). Der Rest von 8,0% entfiel auf sonstige, mehrere oder ungenügend bezeichnete Ursachen (RKI 2017, S. 1/Statistisches Bundesamt 2017).

Laut dem Blinden- und Sehbehindertenverband Südbaden sind 85% der sehbehinderten Menschen in Deutschland älter als 60 Jahre. 10% sind zwischen 30 und 60 Jahre alt und jeweils etwa 2,5 % gehören den Altersgruppen 0-18 Jahre und 19-30 Jahre an. Dies bedeutet, dass lediglich 30% der Blinden und Sehbehinderten im erwerbsfähigen Alter sind (DBSVB 2017, S. 1).

3.3   Barrierefreiheit: Der gesetzliche Hintergrund

Den sozialwissenschaftlichen Hintergrund für das Projektvorhaben bildet das „Übereinkommen über die Rechte von Menschen mit Behinderungen", auch **UN-Behindertenrechtskonvention (kurz: BRK)** genannt, welches im Dezember 2006 von der UN-Generalversammlung verabschiedet wurde und im Mai 2008 in Kraft getreten ist. In

Deutschland ist die BRK seit März 2009 gemeinsam mit dem Fakultativprogramm rechtswirksam. Die BRK ist eine Konkretisierung der Menschenrechte, die auf die Perspektive und Lebenslage von Menschen mit einer Behinderung eingeht (vgl. Welke 2011, S. 916).

Behinderung wird im Sinne der BRK als Zustand der wechselseitigen Abhängigkeit von individueller und gesellschaftlicher Einschränkung verstanden (vgl. Kulig 2013, S. 50f.). In einer solchen Betrachtung ist die „Lebenslage Behinderung" nicht durch einen *„prinzipielle[n] Mangel an Inklusion"* gekennzeichnet, sondern vielmehr durch *„die Art und Weise der wohlfahrtstaatlichen Inklusion in das Rehabilitationssystem"* (Wansing 2006, S. 194). Menschen mit Behinderung sind als vollwertige und gleichgestellte Mitglieder einer Gesellschaft zu behandeln, welche selbstbestimmt alle der Allgemeinbevölkerung zur Verfügung stehenden Dienstleistungen und Grundfreiheiten barrierefrei und eigenständig wahrnehmen können. Ausgehend von diesem verbürgten Recht von Menschen mit Behinderung, über ihre Lebensführung selbstbestimmt zu entscheiden und in allen gesellschaftlichen Bereichen uneingeschränkte Teilhabe zu genießen, steht das Gemeinwesen in der besonderen Pflicht, die größtmöglichen Teilhabechancen zu gewährleisten und entsprechende Zugangsbarrieren abzubauen (insbesondere Art. 20 *„persönliche Mobilität"*) (vgl. Schäfer-Walkmann et al. 2015).

Inhaltlich folgt die BRK einem Inklusionsverständnis, welches davon ausgeht, dass sich alle Menschen auf vielfache Weise voneinander unterscheiden. Folglich sind Gesellschaftsstrukturen grundsätzlich heterogener Natur und alle Menschen, mit all ihren Unterschieden, unbedingt der Gesellschaft zugehörig (vgl. Niehoff 2011, S. 447). Dementsprechend legt die BRK das Recht auf Teilhabe von Menschen mit Behinderung an allen gesellschaftlichen Prozessen aus und definiert das Recht auf Gesundheit, Bildung und Beschäftigung, Barrierefreiheit bis hin zum Recht auf Nicht-Diskriminierung, Chancengleichheit sowie selbstbestimmte kulturelle und politische Teilhabe genauer.

Das 2002 in Kraft getretene **Behindertengleichstellungsgesetz des Bundes (BGG)**, das derzeit novelliert wird, bildet in Deutschland die Grundlage zur Verwirklichung der Teilhabe von Menschen mit Behinderung. Im Vordergrund steht eine barrierefreie Umweltgestaltung. Dafür wurden bereits einige Anstrengungen unternommen: Die Bundesregierung hat 2011 einen **Nationalen Aktionsplan zur Umsetzung der UN-Behindertenrechtskonvention** veröffentlicht, der ebenfalls derzeit aktualisiert wird. Die entsprechenden Selbsthilfeorganisationen und Behindertenverbände sind auch an den Vorarbeiten zum Bundesteilhabegesetz beteiligt (RKI 2017, A. 1). Folglich ist Sinn² – Die barrierefreie Zwei-Sinne-Fahrgastinformation, die ein möglichst barrierefreies Bewegen im öffentlichen Raum und eine dementsprechende Nutzung von öffentlichen Verkehrsmitteln zum Ziel hat, ein unabdingbarer Faktor.

3.4 Mobilität im öffentlichen Raum bei Einschränkungen des Sehsinns

Wenn durch den fehlenden oder stark eingeschränkten Sehsinn visuelle Reize zur Orientierung fehlen, sind Orientierung und sicheres Bewegen außerhalb der vertrauten Umgebung im öffentlichen Raum und Straßenverkehr eine große Herausforderung. Vorbeifahrende Autos, Radfahrer, andere Passanten und die allgemeine Geräuschkulisse erschweren es, sich den Weg über das Gehör, das Gedächtnis oder einem geringen Sehrest zu erschließen. Hierbei ist höchste Konzentration gefragt. Selbst kleine Veränderungen auf den gewohnten Wegen, wie etwa falsch parkende Fahrzeuge, Baustellen oder defekte beziehungsweise nicht vorhandene Blindenampeln können zu großen Schwierigkeiten und gefährlichen Situationen führen. Hilfsmittel, wie der Langstock, Blindenführhunde oder moderne Navigationssysteme sind dabei oft unverzichtbar und ermöglichen die Mobilität nach einer entsprechenden Einweisung und viel Übung. In Schulungen für Orientierung und Mobilität (O&M-Schulung) werden deren Einsatz und die richtige Handhabung sowie innere Landkarten der gewohnten Umgebung erlernt. *„Schwierig ist es überall dort, wo Markierungen fehlen, zum Beispiel an Bordsteinen, Einzelstufen und Treppenanlagen auf Plätzen. Gleiches gilt für die Trennung von Geh- und Radwegen"* (BSV 2012, S. 20). *„Schlecht erkennbare Hindernisse sind im Hinblick auf alle Seheinschränkungen zu reduzieren. Durch gezielte kontrastreiche, großflächige Gestaltungen, blendfreie und ausreichende Beleuchtung sowie leserliche Schriftgrößen werden die Betroffenen unterstützt"* (Rau 2014, S. 21). In § 8 BGG, der die *„Herstellung von Barrierefreiheit in den Bereichen Bau und Verkehr"* regelt, ist in Satz 3 festgehalten, dass *„öffentliche Wege, Plätze und Straßen sowie öffentlich zugängliche Verkehrsanlagen und Beförderungsmittel im öffentlichen Perso-*

nenverkehr [...] nach Maßgabe der einschlägigen Rechtsvorschriften des Bundes barrierefrei zu gestalten" sind. Laut § 4 BGG liegt eine **Barrierefreiheit** dann vor, wenn *„bauliche und sonstige Anlagen, Verkehrsmittel, technische Gebrauchsgegenstände, Systeme der Informationsverarbeitung, akustische und visuelle Informationsquellen und Kommunikationseinrichtungen sowie andere gestaltete Lebensbereiche in der allgemein üblichen Weise ohne fremde Hilfe zugänglich und nutzbar sind".*

„Zur Umsetzung dieser Vorgabe gibt es auf Länderebene vielfältige gesetzliche Vorschriften und Richtlinien zum barrierefreien Bauen" (Rau 2014, S. 12). Verschiedene DIN-Normen enthalten zudem Empfehlungen zur Herstellung der Barrierefreiheit – allerdings legen sie dabei nur die konkreten Standards für Neubauten fest. Im Bestand können die baulichen und technischen Standards nicht immer umgesetzt werden. Die DIN 32984 (2011-10) regelt beispielsweise die Beschaffenheit von Bodenindikatoren im öffentlichen Raum, die Blinden und Sehbehinderten dort die Orientierung erleichtern, *„wo keine anderen taktil und visuell klar erkennbare Markierungen von Gehbahnen und Gehflächen gegeben sind"* (Nullbarriere 2017). Neben Fußgängerfurten und -überwegen müssen diese beispielsweise auch an Fahrtreppen und Aufzügen sowie Straßenbahn- und Bushaltestellen zum Auffinden des Einstieges angebracht werden.

Die DIN 18040-Norm enthält die Vorschriften zum barrierefreien Planen, Bauen und Wohnen. Im dritten Teil widmet sie sich explizit dem öffentlichen Verkehrs- und Freiraum, insbesondere enthält sie die Anforderung zur Information und Orientierung, wie das Zwei-Sinne-Prinzip und Anforderungen an Oberflächen im öffentlichen Verkehr. Die DIN 32975 *„regelt die Gestaltung visueller Informationen im öffentlichen Raum. Damit wird erstmalig definiert, was Barrierefreiheit aus der Sicht sehbehinderter Menschen ausmacht"* (Auer 2017). Hierbei wird vor allem auf Kontraste, Beleuchtung und Größe von Informationselementen für eine möglichst gute Wahrnehmbarkeit hingewiesen.

3.5 Barrierefreiheit im öffentlichen Nahverkehr bei Einschränkungen des Sehsinns

Im BGG wird explizit auf den ÖPNV verwiesen und das Ziel vorgegeben, dass dieser auch für Menschen mit Behinderung möglichst ohne fremde Hilfe zugänglich und nutzbar ist. Das **Personenbeförderungsgesetz (PBefG)** konkretisiert diese Vorgabe des BGG und macht den Aufgabenträgern des ÖPNV in § 8 Abs. 3 die Vorgabe, die Belange der in ihrer Mobilität oder sensorisch eingeschränkten Menschen mit dem Ziel zu berücksichtigen, für die Nutzung des ÖPNV bis zum 1. Januar 2022 eine vollständige Barrierefreiheit zu erreichen. Dabei stehen bislang vor allem Maßnahmen für mobilitätseingeschränkte Personen im Vordergrund, da diese Maßnahmen (z. B. barrierefreier Zugang zum Bahnsteig mittels Aufzügen und Rampen oder Angleichung der Bahnsteighöhe an die Einstiegshöhe der Fahrzeuge) auch vielen weiteren Fahrgästen (z. B. mit Kinderwagen, Fahrrädern oder Gepäck) zu Gute kommen. Doch Rollstuhlzugänglichkeit ist nur ein Teilaspekt der Barrierefreiheit. Vielmehr bedeutet sie eine *„allgemeine präventive Gestaltung des Lebensumfeldes, die den Bedürfnissen eines breiten Kreises der Bevölkerung entspricht und möglichst keinen ausschließt"* (Rau 2014, S. 11). So bietet die Barrierefreiheit einen *„Mehrwert an Komfort und Lebensqualität für alle Menschen"* hinsichtlich der Mobilitäts-, Kommunikations- und Informationsmöglichkeiten (ebd.).

Für die Zielgruppe der blinden und sehbehinderten Menschen gilt, dass sie trotz der bestehenden Normen und Empfehlungen zur barrierefreien Nutzung des öffentlichen Nahverkehrs eine wesentliche Einschränkung in ihrer Mobilität mit den öffentlichen Verkehrsmitteln erfahren, auf die sie wegen ihrer nicht vorhandenen Möglichkeit, ein Fahrzeug im Straßenverkehr zu bedienen, in hohem Maße angewiesen sind. *„Doch Omnibusse, U-, S- und Straßenbahnen und die Nah- und Fernverkehrszüge der Deutschen Bahn sind in vielen Bereichen leider kaum oder gar nicht auf die Bedürfnisse von Menschen mit Sehbehinderung ausgerichtet"* (BSVW 2012, S. 21).

Die Schwierigkeiten beginnen dabei, dass Aushangfahrpläne nicht gelesen werden können, Beschriftungen mit Fahrtziel bzw. Liniennummer an Straßenbahnen oder Bussen nicht zugänglich bzw. für Sehbehinderte häufig zu klein sind oder der Kontrast zwischen Untergrund und Schriftfarbe zu gering ist oder sie nicht blendfrei gestaltet sind. Dieses Informationsdefizit ist besonders an Haltestellen problematisch, an denen mehrere Linien abfahren und es keine akustischen Ansagen gibt. *„Auch das Aussteigen am gewünschten Ziel ist oft nicht einfach. In einigen Fahrzeugen gibt es weder Haltestellenanzeigen noch Stationsansagen. Sind sie dennoch vorhanden, ist die Schrift oftmals zu klein, kontrastarm und nicht blendfrei gestaltet, und die Ansagen erfolgen in vielen Fällen nur sporadisch oder sind schlecht verständlich. Besonders schwierig wird es auf weniger befahrenen Strecken, wenn die Busse nur bei Bedarf halten und dafür vom Fahrgast ein Halteknopf zu drücken ist: kaum möglich für einen sehbehinderten Menschen, der nicht erkennen kann, wo die Fahrt gerade entlangführt"* (BVSW 2012, S. 22).

Um diese oder andere Hindernisse im öffentlichen Nahverkehr zu überwinden, haben blinde und sehbehinderte Menschen also spezielle Anforderungen an die Barrierefreiheit, denen es im Sinne der Behindertenrechtskonvention entgegenzukommen gilt. Ihr **Reizverlust** durch den eingeschränkten bzw. nicht vorhandenen Sehsinn muss im Verkehr so gut wie möglich über die anderen Sinne kompensiert werden. Statt zu sehen, nutzen Blinde bzw. Sehbehinderte ihr Gehör und ertasten bzw. erfühlen sich ihre Umwelt. Die Nutzung alternativer Wahrnehmungen bei hochgradigen Einschränkungen wird **Zwei-Sinne-Prinzip** (auch Zwei-Kanal-Prinzip) genannt. *„Jede Aktivität und Mobilität im Raum setzt voraus, dass Reize in Kombination mit verschiedenen Sinnen wahrgenommen, unterschieden und über Assoziations- und Interpretationsvorgänge verwertet werden. Insbesondere bei mittleren und hochgradigen Seh- und Höreinschränkungen sind durch mangelnde Orientierung und/oder Kommunikationsprobleme erhebliche Mobilitätsverluste zu verzeichnen"* (Rau 2012, S. 8). Damit auch Blinde die Umgebung wahrnehmen können, braucht es „an Umgebungsgeräusche angepasste akustische Informationen und danach taktile Informationen, die bei hochgradigen Seheinschränkungen ein Ersatz für visuelle Informationen sind" (ebd.). Menschen mit Sehbehinderung, die noch über eine gewisse Restsehkraft verfügen, profitieren von entsprechend gestalteten Kontrasten, einer ausreichenden Beleuchtung und Größe von Informationselementen.

Somit muss an dieser Stelle festgehalten werden, dass sehbehinderte und blinde Menschen derzeit den ÖPNV nicht in dem Maße selbstbestimmt nutzen können, wie dies für Nutzer ohne Wahrnehmungseinschränkung der Fall ist. Aus diesem Grund ist die

Zielgruppe sehr interessiert an zusätzlichen Diensten und Hilfsmitteln, um zukünftig selbständiger den ÖPNV nutzen zu können. Auch Vereine, Einrichtungen und Organisationen mit regelmäßigem Kontakt zur Zielgruppe haben ein großes Interesse am Projekt und seinen Zielstellungen. Um eine auf die besonderen Bedürfnisse der Zielgruppe abgestimmte App zu entwickeln, müssen die konkreten Anforderungen von Blinden und Sehbehinderten an eine Fahrplanauskunft zunächst bestimmt werden. Auf diesen Erkenntnissen basierend werden im Anschluss speziell abgestimmte Funktionen für die Smartphone App entwickelt und unter Einbezug der Zielgruppe optimiert.

4   Gemeinsame Forschung mit der Zielgruppe

Die Aufgabe der **sozialwissenschaftlichen Begleitforschung** war es, den Entwicklungs- und Ausgestaltungsprozess der barrierefreien Fahrgastinformation Sinn^2 zu flankieren und durch die generierten inhaltlichen sowie organisatorischen Erkenntnisse den Prozess und auch das Endergebnis zu verbessern und zu stabilisieren. Dabei beteiligte das Institut für angewandte Sozialwissenschaften Stuttgart die Zielgruppe der Blinden- und Sehbehinderten konsequent im Sinne einer partizipativen Aktionsforschung. Die Aktionsforschung wird als eine Ausrichtung der sozialwissenschaftlichen Forschung verstanden, die sich besonders dafür eignet, Entwicklungs- und Innovationsprojekte zu begleiten. Sie zeichnet sich durch ihre große Anwendungsorientierung aus, da sie zum Ziel hat, an direkten Problemen im Alltag anzusetzen und durch ihre Anwendungsnähe die Entwicklung neuer Konzepte direkt in der Praxis zu forcieren (vgl. Universität Hildesheim 2017, S. 1). Sie agiert damit an der Schnittstelle von Wissenschafts- und Praxissystem und nimmt dabei *„Beforschte als aktive Gestalter/innen und damit auch als Akteur/innen in der Begleitforschung wahr"*, indem sie *„die Fragen der Beforschten als wichtigen Ausgangspunkt einer gemeinsamen Forschung aufgreift"* (Cendon et.al. 2017, S. 1).

Der frühe Einbezug aller Beteiligten über alle Phasen hinweg ist daher Voraussetzung für diesen Lernprozess: *„[S]ie werden von passiv Beforschten zu aktiven Mit-Forscher/innen und müssen daher immer wieder Distanz nehmen von ihren eigenen konkreten Praxiserfahrungen und eine (forscherische) Vogelperspektive einnehmen"* (ebd.). Die Herausforderung der **partizipativen Aktionsforschung** besteht vor allem im Spagat zwischen der größtmöglichen Praxisorientierung und dem Anspruch der Wissenschaftlichkeit. Die entstehenden Innovationen werden dadurch parallel theoretisch eingebettet und können *„Ausgangspunkte für weitere Forschung bieten"* (ebd.). Die Forschenden nehmen dabei eine veränderte Rolle ein: *„Sie werden stärker zu Moderator/innen eines gemeinsamen Forschungsprozesses – dies in Form eines Austarierens der Spannungsfelder zwischen konkreten Fragen der Beforschten und übergreifenden Forschungsfragestellungen sowie zwischen der Nähe zum Forschungsfeld und einer forscherischen Distanz"* (ebd.).

Das Aufbauen von Vertrauen zwischen Praktiker/innen und Forschenden sowie das Wecken und Aufrechterhalten der Motivation und Partizipationsbereitschaft der Zielgruppe ist dabei wesentlich für den Projekterfolg. Eine wertschätzende und transparente Kommunikation, die gemeinsame Entwicklung, Konkretisierung und Reflexion von Forschungsfragen sowie das gemeinsame Forschen und Deuten von Ergebnissen, die im weiteren Prozess wiederum neue Fragen und Weiterentwicklungen anstoßen, benötigen Zeit und einen geeigneten Rahmen. So ist der Forschungsprozess durch einen zyklischen Charakter, eine große Offenheit und Reflexionsnotwendigkeit geprägt.

Eine wesentliche Voraussetzung für gelingende partizipative Forschung ist die Konstanz der Teilnehmenden. Zu Projektbeginn wurden deshalb Studienteilnehmer/innen aus der Zielgruppe rekrutiert, die für den anvisierten Studienzeitraum zur Verfügung standen. Dafür fand eine umfassende Recherche hinsichtlich möglicher Vereine, Organisationen und Einrichtungen im Großraum Stuttgart statt, die regelmäßigen Kontakt zur Zielgruppe haben. Diesen wurde das Projekt über Email oder telefonisch vorgestellt, verbunden mit der Bitte, die Informationen weiterzuleiten und eine Kontaktaufnahme mit interessierten Personen zu ermöglichen. Durch den regelmäßigen Kontakt zu insgesamt 23 Partnerorganisationen war es möglich, eine Gruppe von 15 Personen zu gewinnen, aus der sich die **projektbegleitende Testgruppe** zusammensetzt.

Um den Kontakt zur Studiengruppe aufrecht zu erhalten und einen transparenten sowie aktuellen Informationsfluss zu gewährleisten, wurde außerdem beschlossen, einen **Newsletter** für die beteiligten Proband/innen einzurichten. Dieser wurde seitens der wissenschaftlichen Mitarbeiterin des Instituts monatlich erstellt und über den gesamten Projektzeitraum an die Teilnehmenden versendet.

Das Projekt stieß unter den kontaktierten sehbehinderten und blinden Menschen auf sehr großes Interesse, die Möglichkeit zur Beteiligung wurde von den sehbehinderten und blinden Menschen sehr positiv bewertet. Regelmäßige Kontakte und Transparenz im Projekt erhöhten die Mitwirkungsbereitschaft. Für die Entwickler ergaben sich im Austausch mit der Zielgruppe wichtige Hinweise in Bezug auf die App, damit das Endprodukt bestmöglich auf deren Bedarfe und Bedürfnisse abgestimmt werden konnte.

So wurden die Vorstudien des VWI und des Instituts für angewandte Sozialwissenschaften Stuttgart und die daraus resultierenden Einschätzungen und Vermutungen mit dem konstruktiven Feedback der Zielgruppe abgeglichen. Bereits die frühen Sinn²-Entwürfe konnten durch das wertvolle **Nutzerfeedback** – z. B. zur Menüarchitektur – entsprechend ausgearbeitet werden. Dadurch gelang es lange vor der Testphase, **Usability-Präferenzen** vergleichsweise unkompliziert einzupflegen und ein möglichst passgenaues und intuitives Produkt zu entwerfen.

Neben der Realisierung einer konsequenten Beteiligung der Zielgruppe von Anfang an, vermeidet dieses Vorgehen ressourcenschonenderweise aufwändige Überarbeitungen nach der Einführung der App. Zudem wirkte eine objektivierte und fundierte Grundlage unterstützend im Hinblick auf den Weiterentwicklungsbedarf, weil im Prozess deutlich wurde, was für Nutzer/innen bereits gut funktioniert und an welcher Stelle Veränderungen bzw. Anpassungen notwendig sind. Somit sind die mit einem partizipativen Forschungsdesign erhofften Vorteile – erhöhte Nutzer/innenzufriedenheit, Akzeptanz und Inanspruchnahme der App durch Beteiligung der Zielgruppe, bessere Produktqualität – eingetreten, weil von Beginn an konsequent auf die spezifischen Bedürfnisse der Zielgruppe abgestellt wurde.

5 Entwicklungsphase

5.1 App Entwicklung

5.1.1 Betriebssystem

Screen-Reader sind bereits standardmäßig in alle aktuell verbreiteten Smartphone-Betriebssysteme integriert. Apps, die für ein bestimmtes Betriebssystem entwickelt wurden, sind dabei jedoch nicht mit Geräten kompatibel, auf denen ein anderes Betriebssystem ausgeführt wird. Am Anfang der Entwicklung eines Prototyps steht daher die Entscheidung, für welche(s) Betriebssystem(e) dieser entwickelt werden soll.

In der ersten Runde, der vom Institut für angewandte Sozialwissenschaften Stuttgart durchgeführten Telefoninterviews, wurden aus diesem Grund unter anderem Informationen über die von den Teilnehmern der Fokusgruppe benutzte Hard- und Software der Smartphones gesammelt. Die Ergebnisse zeigten hierbei einen eindeutigen Trend hin zu dem **Betriebssystem iOS von Apple**. Sofern die Befragten ein Smartphone besaßen, handelte es sich hierbei in allen Fällen um ein Smartphone der iPhone Serie. Als Gründe weshalb sich die jeweilige Testperson für ein Smartphone dieser Serie entschieden hat, gab die Mehrheit neben der gewohnten Bedienung des Geräts, die Qualität der Screen-Reader Funktion und die gute Verständlichkeit der von dieser verwendeten Stimme an. Im weiteren Verlauf des Projekts zeigte sich, dass auch nahezu alle weiteren kontaktierten Personen der Zielgruppe Geräte des Typs iPhone benutzen.

Aufgrund der einseitigen Verteilung der Geräte innerhalb der Zielgruppe wurde entschieden, den Prototyp sowie die Pilotversion für das Betriebssystem iOS zu entwickeln. Ein weiterer Vorteil der Entwicklung für iOS ist die Tatsache, dass es lediglich auf den Geräten des Herstellers Apple zum Einsatz kommt. Da dieser auch das Betriebssystem iOS entwickelt, ist es sehr unwahrscheinlich, dass Softwareprobleme durch Hardwareinkompatibilitäten entstehen. Zudem sind Updates des Betriebssystems stets flächendeckend für alle noch aufgrund Ihres Lebenszyklus unterstützten Geräte verfügbar, wodurch eine möglicherweise nötige Anpassung der Software nur einmal vorgenommen werden muss. Im Falle von Android Geräten werden diese oft nicht vom Entwickler des Betriebssystems direkt, sondern vom Hersteller der jeweiligen Hardware angeboten, was zu zeitlichen Verzögerungen bei Updates für Smartphones verschiedener Hersteller führen kann.

5.1.2 Entwicklungsumgebung

Für die Entwicklung von Apps für das Betriebssystem iOS bietet Apple die Software XCODE an. Bei XCODE handelt es sich um eine Entwicklungsumgebung zur Erstellung von Software für alle Betriebssysteme der Firma Apple. Unterstützt werden dabei die Programmiersprachen Swift und Objective-C. Über das Storyboard-Feature kann der Entwickler die grafische Oberfläche auf der App festlegen und die erstellten Anzeigen miteinander verknüpfen. Ein implementierter Simulator ermöglicht es, einen Großteil der eigenen Software in einer virtuellen Umgebung sicher zu testen. Ist der Simulator nicht mehr in der Lage alle Features der eigenen Software zu bewältigen, kann die eigene Software auf einem Testgerät über eine Hardwareschnittstelle ausgeführt und getestet werden. In beiden Fällen kann das Verhalten der eigenen Software über den Debugger im Detail überwacht werden und auftretende Fehler können gezielt analysiert und behoben werden. Als Testgeräte wurden dabei verschiedene iPhone- und iPad-Geräte verwendet.

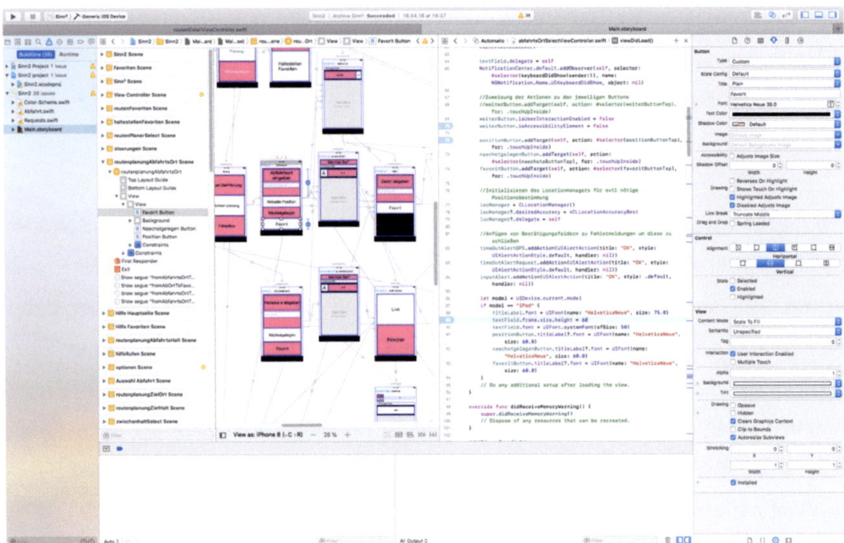

Abbildung 9: Entwicklungsumgebung XCODE

5.1.3   Programmiersprache

Als **Programmiersprache** haben sich die Projektpartner für **Swift** entschieden. Bei Swift handelt es sich um eine moderne Programmiersprache die nach dem open-source Modell entwickelt wurde. Ein Hauptvorteil gegenüber dem alternativen Objective-C besteht in der guten Lesbarkeit des Quellcodes, der direkt zur Wartbarkeit der Software beiträgt. Des Weiteren wird Swift aktiv von Apple weiterentwickelt und in der eigenen Entwicklung verwendet. Dadurch ist auch in Zukunft eine maximale Kompatibilität des Quellcodes gewährleistet, und es kann bei Supportfragen auf das Expertenwissen von Apple zurückgegriffen werden. Während der Projektlaufzeit durchlief Swift die Iterationen Swift 2 bis hin zur Version Swift 4, die seit Ende 2017 eingeführt wurde.

5.1.4   Unterstützte Geräte

Bei Entwicklung der App wurde versucht so viele ältere Geräte wie möglich zu unterstützen. Hierbei ist zu beachten, dass Apple regelmäßig mit jedem Release einer neuen Version des Betriebssystems iOS die älteste Produktreihe an mobilen Geräten von der Liste offiziell unterstützter Hardware streicht. So wurde mit dem Release von iOS Version 10 das Testgerät vom Typ iPhone 4S offiziell nicht mehr von der Entwicklungsumgebung unterstützt. Dies bedeutet nicht zwangsläufig, dass entwickelte Apps nicht länger auf den älteren Geräten funktionsfähig sind. Sollten jedoch von Apple grundlegende Änderungen an bestimmten internen Funktionen vorgenommen werden, so wird es für offiziell nicht mehr unterstützte Geräte keine Updates geben, die daraus entstehende Probleme und Inkompatibilitäten beheben. Zum Zeitpunkt des Projektabschlusses ist iOS 11.2 das aktuellste Release des Betriebssystems und unterstützt offiziell folgende Geräte:

- iPhones des Typs 5S, SE, 6, 6Plus, 6S, 6S Plus, ,7, 7 Plus, 8, 8 Plus und X
- iPads des Typs 5G, Air, Air 2, Mini 2, Mini 3, Mini 4, Pro 9.7, Pro 10.5, Pro 12.9 und 12.9 2G

5.2 App Distribution

Um eine App auf einem Gerät mit dem Betriebssystem iOS auszuführen, wird jeweils ein gültiges Zertifikat benötigt, welches den Entwickler der App identifiziert und diese als vertrauenswürdig ausweist. Während der Entwicklungsphase genügte es dabei die App lokal über eine Hardwareschnittstelle zu installieren und zu testen. Hierzu musste das jeweilige Testgerät an den Computer, auf dem die Entwicklungsumgebung ausgeführt wurde, angeschlossen werden. Daraufhin konnte die aktuelle Version der App auf das Gerät aufgespielt werden, wobei jeweils automatisch ein für 10 Tage gültiges Zertifikat erzeugt wurde. Mit diesem Zertifikat konnten erste Funktionstests durchgeführt werden.

Ein Zeitraum von 10 Tagen war für einen Dauertestbetrieb der Pilotversion durch die Testgruppe jedoch ebenso wie die Installation der App über die Hardwareschnittstelle nicht ausreichend. Aus diesem Grund trat das Verkehrswissenschaftliche Institut Stuttgart GmbH dem Apple Developer Programm bei. Für eine jährliche Gebühr erhält der Teilnehmer des Programms das Recht, für seine App Zertifikate mit der Gültigkeit von bis zu einem Jahr zu erstellen. Anschließend muss die Mitgliedschaft im Developer Programm erneuert werden um das Zertifikat zu verlängern.

Eine Mitgliedschaft im **Apple Developer Program** erlaubt es dem Entwickler zudem, seine App über andere Wege als die Hardwareschnittstelle zu verteilen. Je nach Art des Developer Accounts gibt es hierzu verschiedene Möglichkeiten.

Eine Mitgliedschaft im **Apple Developer Enterprise Program** beispielsweise erlaubt es dem Entwickler dabei seine App auf einer Anzahl von ihm verwalteter Geräte außerhalb des AppStores von Apple, drahtlos über das Internet zu installieren. Wichtig ist hierbei zu beachten, dass die Geräte auch tatsächlich vom Entwickler oder der am Enterprise Programm teilnehmenden Organisation verwaltet werden. Dieses Modell bietet sich beispielsweise für Betriebe und Organisationen an, die ihren Mitarbeitern auf Dienstgeräten hauseigene Software zur Verfügung stellen. Da die Verteilung in diesem Fall außerhalb des AppStores erfolgt, können jederzeit Änderungen an der Software vorgenommen und verbreitet werden. Da die Geräte der Testgruppenmitglieder jedoch nicht von den Projektpartnern verwaltet werden, war eine Verteilung der Software über das Enterprise Program aus rechtlichen Gründen nicht möglich.

Das Standardpaket des Apple Developer Program bietet die Möglichkeit die App auf drei verschiedene Arten zu verteilen. Die **Ad-Hoc Verteilung** ist hierbei der Verteilung über das Enterprise Programm am ähnlichsten. Über die Entwicklungsumgebung kann hierbei ebenfalls eine Installationsdatei exportiert werden, die anschließend über das Internet verteilt werden kann. Im Gegensatz zum Enterprise Program müssen hierzu jedoch im Online-Portal des Apple Developer Program die Unique Device IDs der Zielgeräte hinterlegt werden. Diese werden dann bei Erstellung des Zertifikats in dieses eingetragen. Sollte versucht werden die App auf einem Gerät zu installieren, welches nicht registriert wurde, wird der Prozess automatisch abgebrochen. Die Anzahl der Geräte ist hierbei auf eine Anzahl von 100 Geräten pro Jahr beschränkt. Dieses Verfahren wurde zu Beginn der Testphase genutzt, um die App auf den Geräten der Fokusgruppe zu installieren.

Da das Auslesen der **Unique Device ID** lediglich über eine Hardwareschnittstelle und die Software iTunes möglich ist und sich vergleichsweise aufwändig für die Zielgruppe gestaltet, wurde im weiteren Verlauf der Pilotphase zur Distribution der Software über Apples **Betatest Plattform Testflight** übergegangen. Hierbei wird die zu verteilende App über die Entwicklungsumgebung XCODE archiviert und an Apple gesendet. Die bei Apple eingegangene App muss anschließend einen von Apple durchgeführten Review Prozess durchlaufen, in dem überprüft wird, ob die App den gültigen Richtlinien des AppStores entspricht. Wird die App zugelassen, können bis zu 2000 Tester über Ihre Apple ID zur Teilnahme am Beta-Test eingeladen werden. Die Apple ID besteht üblicherweise aus der bei Apple hinterlegten Email-Adresse, wodurch ein Auslesen der Unique Device ID nicht mehr notwendig ist.

Als letzte Instanz wäre eine **Veröffentlichung der App** in Apples AppStore möglich. Auf diese Weise wäre die App für alle Besitzer eines mobilen Geräts von Apple sichtbar und könnte von diesen installiert werden. Der Prozess zur Veröffentlichung einer App im AppStore entspricht dabei dem Vorgehen bei Apples TestFlight Programm. Der Review- Prozess gestaltet sich hierbei jedoch leicht anders. Zum einen sind die Kriterien zur Veröffentlichung einer App im AppStore etwas strenger als für eine Distribution via TestFlight. Des Weiteren müssen vom Entwickler zusätzliche Angaben bezüglich des Vertriebs der App und deren Funktionen gemacht werden. Für die Präsentation der App sind zudem Materialien wie Screenshots und ein App-Symbol für den Home-Screen des mobilen Geräts zu erstellen. Nach Abschluss des Reviews ist eine **Entwicklerfreigabe** nötig, damit die App zum Download angeboten werden darf. Bei einer Distribution auf diese Weise besteht jedoch keinerlei Kontrolle seitens des Entwicklers. Sobald die App einmal auf einem mobilen Endgerät installiert wurde, kann deren Verwendung nicht kontrolliert werden und es kann nicht nachverfolgt werden, wer genau die App verwendet. Aus diesen Gründen wurde von den Projektpartnern auf eine Veröffentlichung der App im AppStore verzichtet. Der Review Prozess von Apple wurde jedoch bestanden und es muss lediglich die Entwicklerfreigabe erteilt werden.

6 Pilotversion

6.1 Design und Funktionen der App

Nachfolgend werden Design und Funktionsumfang der im Projekt Sinn^2 entstandenen Pilotversion der Fahrplanauskunfts-App vorgestellt:

- Kapitel 6.2 geht auf spezielle **technische Herausforderungen** ein, die für die Erstellung von Apps beachtet werden müssen, um diese für den Einsatz von Screen-Readern zu optimieren. Die aufgeführten Problemstellungen sind auch auf andere Apps übertragbar, deren Anspruch es ist, barrierefrei für Screen-Reader ausgelegt zu sein.

- In Kapitel 6.3 wird auf das **allgemeine Design der Benutzeroberfläche und der Menüstruktur** eingegangen. Zudem wird der Funktionsumfang der App vorgestellt und anhand von Beispielen erläutert, welche Designentscheidungen beim Gestalten der App bewusst getroffen wurden.

- In Kapitel 6.4 wird die **Hauptfunktion** der Sinn^2-App, die Fahrgastinformation, mit den Untermenüs Favoriten, Planung und Nächstgelegen vorgestellt. Hierzu wird anhand von Screenshots verdeutlicht, wie die jeweiligen Anfrageprozesse ablaufen und wie diese auf die Anforderungen der Zielgruppe angepasst wurden. Die Reihenfolge der vorgestellten Funktionen orientiert sich dabei an der Menüstruktur der App.

- In Kapitel 6.5 werden **weitere Funktionen** der App vorgestellt, dies sind die Kontakte sowie die Optionen. Die Beschreibung erfolgt analog zu Kapitel 6.4.

6.2 Optimierung von Apps für Screen-Reader

6.2.1 Herausforderungen bei der Nutzung von Screen-Readern

Screen-Reader funktionieren, indem sie den Inhalt der momentan fokussierten Anwendung, beziehungsweise – im Falle von mobilen Apps – der aktuellen Bildschirmansicht bestmöglich in akustische Informationen umwandeln und diese dem Benutzer vorlesen. Einzelne Anzeigeelemente wie beispielsweise Textfelder oder Eingabefelder werden hierbei sequentiell nacheinander angewählt und wiedergegeben. Der Benutzer kann dabei jeweils nur mit dem derzeit fokussierten Element interagieren.

Wichtig ist hierbei der Unterschied in der **Informationsbereitstellung**. Bei der visuellen Informationsaufnahme tendiert der Benutzer zwar ebenfalls zu einer Aufnahme der Daten entsprechend der Leserichtung, er kann jedoch viel schneller einen allgemeinen Eindruck über alles erhalten, was auf der Anzeige sichtbar ist. Dieser Überblick ermöglicht es ihm, selbst auf Anzeigen mit hoher Informationsdichte recht schnell die für ihn interessanten Bereiche zu identifizieren und gezielt im Detail zu betrachten. Ein sehbehinderter Mensch hingegen, der auf eine akustische **Informationsaufnahme** angewiesen ist, muss den Inhalt einer Anzeige sequentiell abarbeiten. Befindet sich der für ihn interessante Bereich an einer Stelle, die sehr weit hinten in der Fokusreihenfolge liegt, so benötigt er eine nicht unerhebliche Zeit, um zu finden was er sucht.

Ein weiteres Problem dieser Sequentialisierung der Information kann sich insbesondere bei Anzeigen mit hoher Informationsdichte ergeben. Befinden sich viele fokussierbare Einzelelemente auf der Anzeige, ist es vergleichsweise schwer, den Überblick über den Seiteninhalt zu behalten und schnell auf der Seite zu navigieren. Während eine gezielte Auswahl einzelner Elemente über einen Click oder eine Berührung auf der Anzeige in der Regel kein Problem darstellt, wird dies schnell zu einer Herausforderung, wenn die genaue Anordnung der Elemente auf der Anzeige nicht oder nur sehr ungenau bekannt ist und diese noch dazu sequentiell angesteuert werden.

Im Folgenden werden die am häufigsten auftretenden Herausforderungen bei der Nutzung von Apps beschrieben, die nicht für die Nutzung von Screen-Readern angepasst wurden.

6.2.2 Elemente, die den Aufbau der Anzeige verändern

Screen-Reader bestimmen welches Element als nächstes angewählt wird, zum Zeitpunkt, an dem die Bedienhandlung zum Sprung auf dieses eingegeben wird. Dasselbe gilt für den Rücksprung auf das vorherige Element. Verändert sich der Aufbau eines Teils der Anzeige während ein Benutzer diese mit dem Screen-Reader durchläuft, kann es zu Unregelmäßigkeiten kommen, wenn dieser beispielsweise ein bestimmtes vorheriges Element erneut aufsuchen möchte. So kann es passieren, dass sich die

Reihenfolge der vorherigen Elemente nun geändert hat oder neue Elemente vorgelesen werden, die dem Benutzer noch gar nicht bekannt waren. Da die **Reihenfolge der Elemente** die einzige Orientierungshilfe des Benutzers ist, wirkt dies verunsichernd und verwirrend.

Ändert sich der Aufbau eines besonders großen Teils des Bildschirms, kann es dazu kommen, dass das aktuell angewählte Element von der Anzeige entfernt wird. In diesem Fall springt der Fokus des Screen-Readers üblicherweise auf das neue Anzeigeelement, welches an der Position des zuletzt angewählten Elements eingefügt wurde. Da sich die Auswahl geändert hat, wird in der Regel anschließend der Inhalt des neu angewählten Elements wiedergegeben. Für einen sehbehinderten Benutzer ist das plötzliche Springen der Auswahl meist nicht direkt nachvollziehbar und die unerwartete Veränderung der wiedergegebenen Information kann dazu führen, dass er die Orientierung in der Menüstruktur verliert.

Um die bestmögliche Kompatibilität einer App mit Screen-Readern zu garantieren, muss darauf geachtet werden, die Struktur der Anzeige oder zumindest des Teils, auf dem sich das momentan ausgewählte Element befindet, konstant zu halten.

6.2.3   Fragmentierung von Informationen durch Einzelelemente

Sofern nicht anders angegeben, wird ein Screen-Reader versuchen, jedes vom ihm identifizierte Anzeigeelement als separaten Haltepunkt anzusteuern und vorzulesen. Da einzelne Informationsblöcke im schlimmsten Fall aus mehreren Einzelelementen zusammengesetzt sein können, kann dies zu Verwirrung und Informationsverlust führen.

Als Beispiel dafür kann die Angabe der Telefonnummer in **Abbildung 10** dienen. Die angegebene Telefonnummer setzt sich aus einem Anzeigeelement für die Ortsvorwahl und einem Anzeigeelement für die Rufnummer zusammen. Durch diese Unterteilung wird die Vorwahl vorgelesen, danach bedarf es jedoch erst einer weiteren Bedienhandlung des Nutzers, damit die Rufnummer weiter vorgelesen wird. Eine solche Unterteilung von zusammengehöriger Information ist äußerst unkomfortabel und verlangsamt die ohnehin aufwändigere Bedienung weiter.

Abhilfe kann hier durch das Einbetten einzelner Elemente in ein **umschließendes Container-Element** geschaffen werden. Der Screen-Reader erkennt den Container als übergeordnetes Element und liest, sofern keine weiteren Einstellungen vorhanden sind, seinen gesamten Inhalt am Stück vor. Beinhaltet der Container interaktive Elemente wie Schaltflächen, kann es nötig sein, diese für die Erkennung durch den Screen-Reader zu deaktivieren. Dies kann jedoch im Gegenzug dazu führen, dass die Schaltflächen nicht mehr angesteuert und betätigt werden können, da nur noch der umschließende Container erkannt wird. Daher muss bereits während der Entwicklung der Benutzerschnittstelle auf eine passende Gruppierung der Elemente geachtet werden.

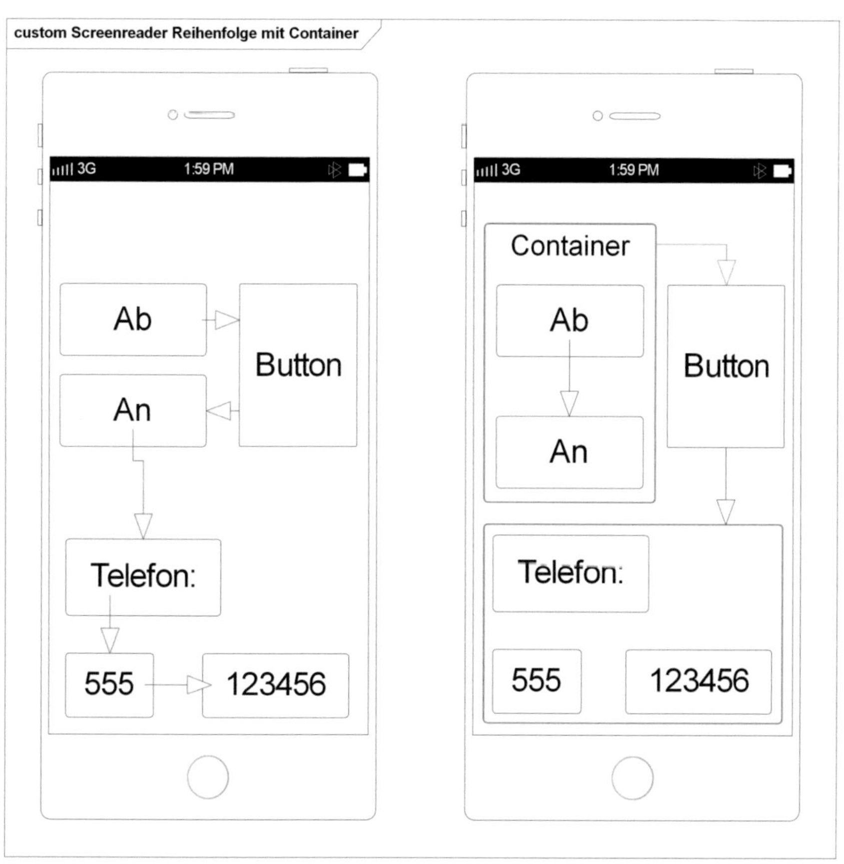

Abbildung 10: Einsatz von Containern zur Gruppierung von Elementen

Für das Beispiel in **Abbildung 10** bedeutet dies, dass die drei vom Container umschlossen Elemente nicht mehr einzeln angesteuert werden, sondern stattdessen als ein zusammenhängender Block behandelt und vorgelesen werden. Die Anzahl der Bedienhandlungen wird dadurch verringert und die Zusammengehörigkeit der Elemente ist eindeutig abgebildet.

6.2.4 Falsche Reihenfolge der Elemente

Häufig sind die Elemente einer Benutzerschnittstelle in einer Art angeordnet, die grob der gewohnten Leserichtung folgt. Dadurch wird der Informationsfluss auch für Nutzer mit uneingeschränkter Sehkraft intuitiver und kann fließend verarbeitet werden. Dabei genügt es, wenn zusammenhängende Elemente an einer Stelle des Displays gruppiert werden, damit der Nutzer diese als zusammengehörig erkennt.

Ein Screen-Reader kann diese Zusammengehörigkeit ohne weitere Zusatzinformationen nicht erkennen und verarbeitet daher die Informationen nicht in der erforderlichen **Reihenfolge**. Die erkannten Elemente werden stattdessen der Reihenfolge nach ohne äußeren Kontext vorgelesen. Die Reihenfolge wird vom Screen-Reader automatisch erzeugt, wobei dieser versucht ebenfalls der Leserichtung zu folgen.

Zur Erzeugung der Reihenfolge identifiziert der Screen-Reader im ersten Schritt alle für ihn erkennbaren Elemente der Anzeige und sortiert diese primär nach ihrer Y- und sekundär nach ihrer X-Position. Auf diese Weise wird eine Reihenfolge erzeugt die strikt der Leserichtung von links nach rechts und von oben nach unten folgt. In **Abbildung 10** werden beispielsweise im linken Abschnitt Abfahrtsort und Ankunftsort in separaten Anzeigefeldern auf dem Display angezeigt. Für einen Benutzer mit uneingeschränkter Sehkraft ist der Zusammenhang aufgrund der Gruppierung und visuellen Abgrenzung zur nebenliegenden Schaltfläche unmittelbar klar. Ein Screen-Reader hingegen betrachtet Abfahrtsort und Ankunftsort getrennt und behandelt sie als unabhängige Elemente. Die höhere Y-Position der Schaltfläche führt in diesem Fall dazu, dass der Text der Schaltfläche zwischen den Anzeigefeldern für Abfahrts- und Ankunftsort vorgelesen wird. Je nach Funktion der Schaltfläche kann es deswegen zu Verständnisproblemen des Nutzers kommen, da ihm nicht zwangsläufig bewusst ist, ob die vorgelesene Information des Anzeigefeldes über den Ankunftsort noch zur vorherigen Schaltfläche oder schon zu den folgenden Bildschirmelementen gehört.

Um dieser Fragmentierung von Information vorzubeugen, kann auf verschiedene Arten vorgegangen werden. In jedem Fall müssen aber bereits bei Entwicklung der App Maßnahmen getroffen werden um sicherzustellen, dass sich der Screen-Reader wie gewünscht verhält.

Die erste Variante, die die gewünschte Vorlesereihenfolge garantiert, ist eine manuelle Festlegung im Quellcode beim Design der Menüstruktur. Dies garantiert, dass die Elemente auf dem Display in der richtigen Reihenfolge vorgelesen werden. Probleme können hierbei lediglich bei dynamischen Anzeigeelementen auftreten, deren Inhalt im Voraus noch nicht bekannt ist oder sich während der Laufzeit verändert. Für solche Elemente ist es schwer möglich, eine feste Reihenfolge festzulegen.

Eine flexiblere Variante besteht darin, zusammengehörige Elemente in einem der bereits vorgestellten Container-Elemente zu gruppieren. Anstatt die Position der Einzelelemente für die automatische Erzeugung der Vorlesereihenfolge zu verwenden, wird vom Screen-Reader in erster Linie die Position des Containers betrachtet. Üblicherweise führt dies dazu, dass alle Unterelemente des Containers auf einmal vorgelesen werden. Wird jedoch zusätzlich manuell eine Reihenfolge für die Unterelemente des Containers vorgegeben, setzt der Screen-Reader diese an die Position des Containers in seiner automatisch generierten Reihenfolge. So lassen sich für Teile der Anzeige separate Bereiche bilden, für die sich das Verhalten des Screen-Readers festlegen lässt. Im rechten Teil von **Abbildung 10** ist beispielsweise für die Unterelemente des Containers eine manuelle Reihenfolge festgelegt und der Screen-Reader würde korrekterweise zuerst den Abfahrtsort, dann den Ankunftsort und abschließend den Text der Schaltfläche vorlesen.

6.2.5 Schwer in akustische Informationen umwandelbare Elemente

Screen-Reader sind darauf spezialisiert, den Bildschirminhalt vorzulesen. Daher fällt es ihnen vergleichsweise leicht Text und Elemente, die mit Text beschriftet sind, in akustische Information zu übersetzen. Oft werden jedoch Grafiken verwendet, um

Schaltflächen optisch anspruchsvoller zu gestalten oder Informationen in einer anderen Form als Text auf dem Display darzustellen

Ohne zusätzliche Maßnahmen beim Erstellen dieser Elemente während der Entwicklungsphase der App sind Screen-Reader nicht oder nur sehr begrenzt in der Lage, die Elemente in verwertbare akustische Informationen umzuwandeln. Z. B. kann ein Screen-Reader nicht erkennen, was auf einer in der Anzeige dargestellten Grafik dargestellt ist. Stattdessen fällt er in einem solchen Fall standardmäßig auf die ihm zur Verfügung stehenden Informationen über das Anzeigeelement, in diesem Fall üblicherweise den Dateinamen, zurück und gibt diesen wieder. Auf diese Weise erzeugte akustische Informationen entsprechen nur in Ausnahmefällen dem tatsächlichen Informationsgehalt des jeweiligen Anzeigeelements. Der Benutzer von Screen-Readern erhält als Folge unerwartete, verwirrende oder – im schlimmsten Fall – inkorrekte Informationen.

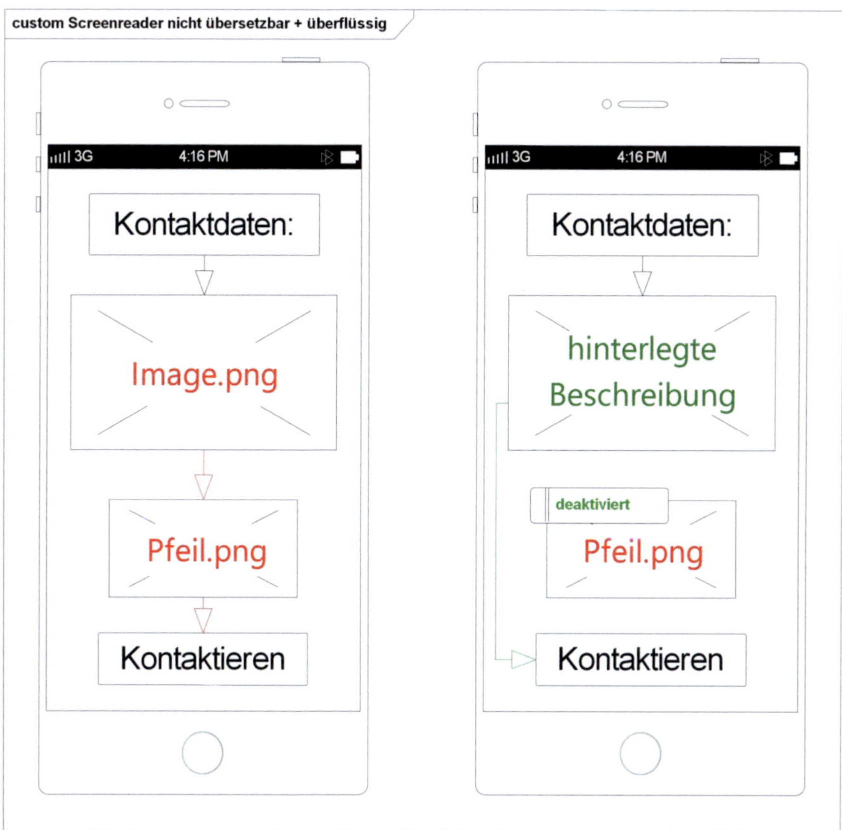

Abbildung 11: Umgang mit überflüssigen oder nicht übersetzbaren Elementen

Aus diesem Grund sollten während der Entwicklung der Benutzerschnittstelle für Anzeigeelemente spezielle Texte hinterlegt werden, die im Falle der Ansteuerung durch einen Screen-Reader vorgelesen werden. Auf diesem Weg wird die dargestellte Grafik automatisch in die vorgegebene Information umgewandelt, so dass für problematische Anzeigeelemente eine korrekte Informationswiedergabe gewährleistet ist.

Abbildung 11 zeigt im links dargestellten Smartphone Kontaktdaten, die nur als Grafik hinterlegt sind. Dies kann verschiedene Gründe, wie beispielsweise die Integration eines Logos in die Darstellung haben. Für den Screen-Reader ist dieses Element jedoch

nicht übersetzbar und es wird lediglich der Dateiname der Grafik, hier „Image.png",
wiedergegeben. Für den Benutzer ist diese Information wertlos. Im optimierten Fall auf
dem in **Abbildung 11** rechts dargestellten Smartphone wurden für die Grafik Kontaktdaten in Textform hinterlegt wodurch der Benutzer die korrekte Information über den
Screen-Reader erhält.

Zusätzlich zum hinterlegten Informationstext kann für Bedienelemente jeweils ein Hinweis hinterlegt werden, der dessen Funktion beschreibt. Hierdurch kann die durch den
Informationstext übermittelte Information erweitert werden. Dies kann unter anderem
im Fall von Listenanzeigen verwendet werden. So kann zuerst der Inhalt der jeweiligen
Zelle vorgelesen werden und über den Hinweis abschließend erklärt werden, was geschieht, wenn diese ausgewählt wird.

6.2.6 Überflüssige Elemente ohne Informationsgehalt

Da Benutzeroberflächen von Apps für nicht sehbehinderte Nutzer optisch möglichst
attraktiv sein sollen, werden häufig Grafiken und andere optisch ansprechende Elemente in die Benutzerschnittstelle integriert. Diese können bei der Orientierung auf
dem Display helfen, Funktionen der aktuellen Anzeige erläutern oder diese einfach nur
optisch aufwerten.

Meist sind solche Anzeigeelemente für Benutzer von Screen-Readern nicht relevant,
da sie entweder nicht wahrgenommen werden können oder die Navigationsrichtung
der Elemente ohnehin vorgegeben ist. Da ein Screen-Reader jedoch standardmäßig
alle Anzeigeelemente durchläuft, werden diese beim sequentiellen Durchlauf der Anzeige angesteuert, sofern während der Entwicklung der App nichts Anderes festgelegt
wurde.

Die Bedienung eines Smartphones unter Benutzung von Screen-Readern ist grundsätzlich aufwändiger. Dabei wird für jeden Sprung zum nächsten Element in der Regel
eine Bedienhandlung benötigt. Das unnötige Ansteuern von Elementen ohne tatsächlichen Informationsgehalt sollte daher vermieden werden, um die Bedienung nicht
noch weiter zu erschweren.

Zudem kann die zusätzliche Information, insbesondere im Falle eines nicht fehlerfrei übersetzbaren Elements, verwirrend wirken oder den eigentlichen Informationsgehalt der Anzeige verfälschen.

In **Abbildung 11** verweist ein als Grafik realisierter Pfeil auf die darunter liegende Schaltfläche, um diese optisch hervorzuheben. Für einen Menschen mit Sehbehinderung ist der Pfeil nicht relevant, da dieser nicht oder nur sehr schwer wahrgenommen werden kann. Der Screen-Reader erkennt die Grafik jedoch als Anzeigeelement und steuert diese an. Da die Grafik nicht übersetzt werden kann, wird der Dateiname „Pfeil.png" vorgelesen. Die wiedergegebene Information ist für den Benutzer uninteressant. Stattdessen fällt eine zusätzliche Bedienhandlung an, um zur darauffolgenden Schaltfläche zu gelangen und der Bedienfluss wird gestört. Im schlimmsten Fall nimmt der Benutzer an, dass die Betätigung der Schaltfläche „Pfeil.png" zur Kontaktaufnahme führt, so dass die nächste Schaltfläche gar nicht mehr angesteuert wird.

6.3 Design und Struktur der Sinn²-App

6.3.1 Allgemeine Designentscheidungen

Auf Basis der während der Zielgruppenbefragung gesammelten Ergebnisse wurden für die Gestaltung der Benutzeroberfläche frühzeitig einige grundlegende Entscheidungen getroffen. Diese beziehen sich hauptsächlich auf die Darstellung sowie die grundlegenden Interaktionen des Nutzers mit der App.

Im Folgenden wird erläutert, warum diese Entscheidungen getroffen und umgesetzt wurden.

6.3.2 Hilfe-Menü in Textform auf Hauptseite

Für neue Benutzer kann es schwer sein, sich in einer unbekannten App zurechtzufinden. Dadurch entsteht eine gewisse Unsicherheit beim Benutzer, die abschreckend wirken kann und zu einer Nicht-Nutzung der App führt.

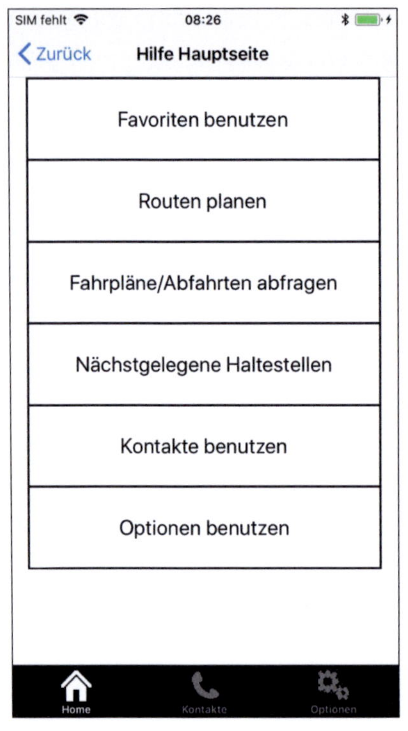

Abbildung 12: Hauptseite des Leitfadens

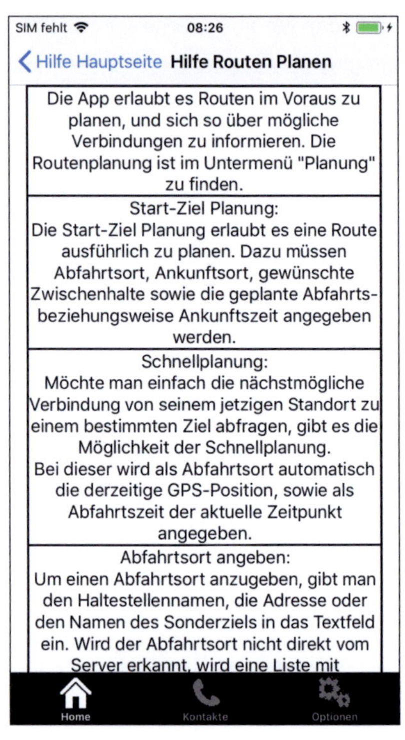

Abbildung 13: Funktionsbeschreibung - Routenplanung

Um diesen Unsicherheitsfaktor so gering wie möglich zu halten und es Benutzern zu ermöglichen, sich möglichst schnell in der App zurechtzufinden, wurde ein Leitfaden erstellt, der eine Einführung in alle Funktionen der App umfasst. Die Struktur des Leitfadens orientiert sich dabei an der tatsächlichen Menüstruktur der App, beziehungsweise der Reihenfolge in der die Einzelfunktionen über den Screen-Reader angesteuert werden. Über den Leitfaden können außerdem Informationen nachgeschlagen werden, wie bestimmte Sachverhalte, z. B. die Darstellung von Verspätungsdaten, innerhalb der App gehandhabt werden.

Um sicherzustellen, dass sich Benutzer dieser Option bewusst sind, ist der Link zum Leitfaden bereits auf dem in **Abbildung 12** abgebildeten Hauptmenü der App an oberster Stelle eingefügt. An dieser Position wird er auch von Screen-Readern als erstes Element angesteuert.

Der Leitfaden selbst ist in Textform gehalten. Dadurch kann dieser problemlos von Screen-Readern verarbeitet werden und es ist sichergestellt, dass der Benutzer die korrekten Informationen erhält. Zusätzlich wurde der Text, wie es in **Abbildung 13** zu sehen ist, soweit sinnvoll in möglichst kleine Abschnitte unterteilt. Jeder Abschnitt beginnt dabei mit einem Schlagwort, welches seinen Inhalt beschreibt. Dies wird von Screen-Readern als Einzelelement erkannt und kann über Bedienhandlungen angesteuert werden. Dadurch ist es dem Benutzer schnell möglich, einen für ihn interessanten Abschnitt zu identifizieren und diesen im Detail zu betrachten und somit die gezielte Informationssuche bei Verwendung eines Screen-Readers effizient zu gestalten.

6.3.3 Navigationszeile für erweiterte Funktionen

Bereits früh während der Entwicklungsphase wurde entschieden, dass bestimmte von der App angebotene Funktionen für den Benutzer jederzeit erreichbar sein sollen. Dies sollte unabhängig vom aktuellen Zustand der Benutzeroberfläche sein, und diesen nicht verändern.

Erreicht wird dies über den in **Abbildung 12** und **Abbildung 13** deutlich am unteren Bildschirmrand zu sehenden **Navigationsbalken**, der intern als **Tab Bar** Komponente realisiert ist und sich stets an derselben Position befindet. Tab Bars haben die Eigenschaft, dass die auf ihnen anwählbaren Bereiche parallel zueinander existieren. Dadurch wird ein fließender Übergang zwischen den einzelnen Bereichen ermöglicht, wobei der Zustand der jeweils aktiven Anzeige der Bereiche beibehalten wird.

Für die App Sinn² wurde entschieden, die **Funktionsbereiche** Fahrgastinformation, Kontakte und Optionen in diese Navigationsleiste aufzunehmen. So kann der Benutzer beispielsweise jederzeit für seine Ankunft am Bahnhof telefonisch Hilfe anfordern, ohne dabei die zuvor von ihm gefundenen Ergebnisse für die Anfahrtsroute zu verlieren. Ähnlich verhält es sich mit dem **Optionsmenü**: Der Benutzer kann jederzeit auf dieses zugreifen und Änderungen an den Einstellungen der App vornehmen, ohne seinen Fortschritt bei der Routenplanung oder anderen Funktionen der Fahrgastinformation zu verlieren.

Die Umsetzung der Navigationsleiste als Tab Bar hat zudem den Vorteil, dass sie eine klare Abgrenzung der Anzeige zum unteren Bildschirmrand ermöglicht. Wird ein Element der Navigationsleiste von einem Screen-Reader angesteuert, wird zusätzlich der Hinweis „Tabulator" angesagt. Der Benutzer erkennt dadurch, dass er sich am Ende der Anzeige befindet.

6.3.4   Klar strukturierte Ansichten mit überschaubarer Elementdichte

Beim Design von Benutzeroberflächen wird üblicherweise versucht so viele Informationen wie möglich „auf einen Blick" zu übermitteln. Dieses Konzept ist für Benutzer eines Screen-Readers aufgrund dessen sequentieller Natur nicht anwendbar. Die angezeigten Bildschirmelemente müssen zwangsläufig nacheinander durchlaufen werden. Befinden sich viele Anzeigeelemente auf einmal auf dem Bildschirm, kann es entsprechend lang dauern bis der Benutzer diese mit dem Screen-Reader durchgegangen ist und weiß, was auf dem Display dargestellt wird. Selbst wenn der Benutzer weiß, welche Anzeigeelemente zu erwarten sind, kann es bei einer hohen Elementdichte auf dem Display viele Bedienhandlungen und damit Zeit benötigen, bis er das gewünschte Anzeigeelement erreicht hat.

Eine hohe **Elementdichte** kann zudem beim Einsatz von Screen-Readern zusätzlich erschwerend wirken, da man zuvor wiedergegebene Informationen nicht einfach schnell nachschauen kann, sollte man diese vergessen haben. Stattdessen müssen in der Regel alle vorherigen Anzeigeelemente nochmals durchlaufen werden, bis die gewünschte Information gefunden wurde.

Die Sinn² App hält deshalb die Elementdichte aller Anzeigen soweit möglich gering und überschaubar. Damit wird zum einen erreicht, dass der Benutzer sich auch mit Screen-Reader möglichst schnell einen Überblick über den Inhalt der Seite verschaffen kann. Zum anderen fällt es dem Benutzer leichter sich bereits erhaltene Informationen der aktuellen Anzeige zu merken, wodurch er sich sicherer fühlt und im Idealfall Rückwärtsdurchläufe vorheriger Anzeigeelemente vermieden werden und er schnell das für ihn relevante Anzeigeelement erreichen kann.

Da bei geringerer Informationsdichte auch weniger Elemente auf dem Display ange-ordnet werden müssen, ist es zudem möglich diese größer zu dimensionieren und zu beschriften. Dies könnte es sehbehinderten Benutzern insbesondere bei Smartphones mit einem größeren Display oder Tablet ermöglichen, die App ohne die Anzeige ver-größernde Hilfsmittel wie der Zoomfunktion zu bedienen.

6.3.5 Geführte Routenplanung mit Zwischenschritten

Eines der Ergebnisse der zu Beginn des Projekts durchgeführten Befragungen der Fokusgruppe, war der Wunsch nach einer besser strukturierten Führung bei der Rou-tenplanung. Viele der Gruppenmitglieder fanden die üblicherweise in Apps zu finden-den Benutzeroberflächen zur Routenplanung unübersichtlich und schwer zu navigie-ren.

Als Alternative wurde eine Benutzerführung in Form eines Dialogs vorgeschlagen, der den Benutzer gezielt durch die nötigen Schritte zur **Routenfindung** leitet. Dadurch würde die Anzahl der nötigen Eingaben auf einer jeweiligen Anzeige reduziert werden. Der Benutzer wüsste dann genau, welche Eingaben im aktuellen Verarbeitungsschritt von ihm benötigt werden. Dies würde dazu beitragen, dass sich insbesondere weniger im Umgang mit Smartphones und Apps erfahrene Benutzer sicherer im Umgang mit der Sinn² App fühlen würden. Im Idealfall würden die Benutzer so angeregt werden, die App regelmäßiger zu verwenden.

Um diesem Wunsch nachzukommen, wurde der Verlauf der Routenfindung entspre-chend in Einzelschritte unterteilt. Die nötigen Informationen werden dabei jeweils in einer separaten Anzeige abgefragt, die den Benutzer so gut es geht durch zusätzliche Optionen unterstützt. Auf den Ablauf der Routenfindung wird genauer in 6.4.3 einge-gangen. Aufgrund der zusätzlichen Anzeigen, führt die Unterteilung natürlich zu einem Mehraufwand bei der Bedienung der App, dieser wird jedoch laut gesammeltem Feed-back von der zusätzlich gewonnenen Sicherheit und Benutzerfreundlichkeit überwo-gen.

Erfahrene Benutzer, die es bevorzugen mehrere Eingaben auf einmal zu tätigen, ha-ben die Möglichkeit über das Optionsmenü den „**Kompaktmodus**" zu aktivieren. In diesem Fall werden die Angaben zu Abfahrts- und Ankunftsort, sowie Angabe einer

Abfahrts- beziehungsweise Ankunftszeit auf jeweils einer Anzeige zusammengefasst. Dies erlaubt eine schnellere Eingabe auf Kosten der Benutzerführung.

Die Unterteilung dieses Prozesses begünstigt zudem den generellen Anspruch der App, die Elementdichte der Anzeige möglichst gering zu halten und passt somit sehr gut zum Design des Benutzerinterfaces.

6.3.6 Auswahl der angebotenen Farbschemata

Im Optionsmenü haben Benutzer die Möglichkeit ein Farbschema für die Benutzeroberfläche der App auszuwählen. Da für diesen Fall noch keine Vorschrift oder Richtlinie vorliegt, wurde für die Auswahl dieser Farbschemata die DIN 32975: „Gestaltung visueller Informationen im öffentlichen Raum zur barrierefreien Nutzung" herangezogen. In dieser Norm werden unter anderem Vorgaben für Kontraste, Beleuchtung, Farbkombinationen und Zeichengrößen für Displays und Fahrgastinformationsanzeiger im öffentlichen Raum festgelegt.

Beleuchtung und **Zeichengrößen** sind bei einer App sehr vom Typ des Smartphones und den vom Benutzer gewählten Systemeinstellungen des auf dem Gerät ausgeführten Betriebssystems abhängig. Die Beleuchtung des Displays wird dabei grundsätzlich über die jeweiligen Geräteeinstellungen verwaltet. Auf unterschiedliche Displaygrößen und Bildschirmauflösungen musste bei der Gestaltung der Bedienelemente und deren Beschriftung Rücksicht genommen werden. Generell wurde aber versucht, die Zeichengröße so groß wie möglich zu wählen, ohne dabei bestimmte Elemente der App über die Grenzen kleinerer Displayformate zu verschieben.

Abbildung 14: Angebotene Farbschemata

Auf die Faktoren **Kontrast** und **Farbkombination** kann jedoch bei Gestaltung der Benutzeroberfläche direkt Einfluss genommen werden. Unter Kontrast wird hierbei speziell der relative Leuchtdichteunterschied der betrachteten Farben zu verstehen. Die Norm berechnet diesen anhand einer Formel von Michelson, die aus den Leuchtdichten der Farben einen Kontrastwert zwischen -1 und 1 errechnet. Für die Gestaltung von Anzeigeelementen wird der Betrag des Kontrastwertes verwendet. In DIN 32975 wird für die Informationsdarstellung ein Mindestkontrastwert von 0,7 vorgegeben. Für Schwarz-Weiß-Darstellungen liegt dieser Grenzwert sogar bei 0,8.

Spezielle Farben, die zum Hervorheben wichtiger Informationen verwendet werden, sind sparsam einzusetzen, wobei einer Farbe allein nach Möglichkeit kein Informationswert zugeordnet werden sollte.

Bei der Wahl der angebotenen **Farbschemata** wurde darauf geachtet, dass diese die in der Norm vorgeschriebenen Vorgaben für Kontrastwerte erfüllen. Als Standardfarbe ist das reine Schwarz-Weiß Schema hinterlegt, da es die höchsten Lichtdichteunterschiede aufweist. Da Seheinschränkungen jedoch oft auf spezielle Farben wirken, wurde eine Auswahl aus verschiedenen Farben eingefügt, die eine möglichst große Menge an Farbbereichen abdeckt.

6.4 Funktionsgruppe Fahrgastinformation

6.4.1 Hauptmenü der Fahrgastinformation

Die erste Funktionsgruppe der **Fahrgastinformation** – und somit der Hauptaufgabe der App – ist unter dem Menüpunkt Start der „Tab Bar" zu finden. Die Schaltfläche **Start** erfüllt hierbei zwei verschiedene Funktionen. Wird die Schaltfläche betätigt während sich der Benutzer in einer der Funktionsgruppen **Kontakte** oder **Optionen** befindet, kehrt die App zur zuletzt sichtbaren Anzeige des Fahrgastinformationsbereiches zurück. Befindet man sich beim Betätigen der Schaltfläche jedoch bereits auf einer Anzeige des Fahrgastinformationsbereiches wird man direkt zum Hauptmenü zurückgeleitet.

Abbildung 15: Hauptmenü der Fahrgastinformation

Das in **Abbildung 15** abgebildete **Hauptmenü** der Fahrgastinformation enthält wie bereits in 6.3.2 aufgeführt einen Link zum **Hilfe-Menü**. Somit haben neuen Benutzer gleich zu Beginn die Möglichkeit, sich über die angebotenen Funktionen und die Bedienung dieser zu informieren. Da der Link zur Hilfe nur an dieser Stelle in der App zu finden und somit eindeutig lokalisiert ist, kann er vom Benutzer außerdem als Orientierungshilfe verwendet werden.

Im Einklang mit der in Kapitel 6.3.4 erläuterten Entscheidung, Anzeigen mit möglichst überschaubarer Informationsdichte zu verwenden, werden die einzelnen Funktionen der Fahrgastinformation soweit sinnvoll weiter in **Untergruppen** unterteilt. Diese sind wiederum über die im Hauptmenü auswählbaren Schaltflächen erreichbar.

Über die Schaltfläche **Favoriten** können vom Benutzer gespeicherte Favoriten vom Typ Routen und Haltestellen direkt zur Planung angewählt und verwaltet werden.

Durch das Betätigen der Schaltfläche **Planung** erreicht der Benutzer die üblicherweise mit Fahrgastinformation verbundenen **Standardfunktionen** wie die Routenplanung und Abfrage von Abfahrtstafeln an Haltestellen. Diese Funktionen wurden jedoch teilweise für die Sinn² App modifiziert oder erweitert, um den Anforderungen der Zielgruppe besser zu entsprechen.

Die Funktion **Nächstgelegen** wurde in Zusammenarbeit mit der Fokusgruppe entwickelt und erweitert die App um eine zusätzliche Funktion, die von vielen Teilnehmern der Fokusgruppe bisher über eine separate App erreicht wurde, jedoch in den verbreiteten Apps bisher häufig fehlt oder in einer Art und Weise umgesetzt wird, die für Sehbehinderte nicht nutzbar ist.

6.4.2 Favoriten

6.4.2.1 Auswahlmenü

Abbildung 16: Favoriten Menü

Das Verhalten von blinden und sehbehinderten Menschen ist sehr von Routine geprägt. Aufgrund ihrer sensorischen Einschränkungen tendieren sie sehr viel mehr noch als durchschnittliche Fahrgäste dazu, sich an gewohnte Haltestellen, Verkehrsmittel und Verbindungen zu halten. Eine unbekannte Haltestelle oder Verbindung erzeugt bei Angehörigen der Zielgruppe stets ein erhöhtes Maß an Unsicherheit. Dabei werden auch nicht selten verlängerte Wartezeiten und Umwege in Anspruch genommen, um sich an bekannte Abläufe und Umgebungen halten zu können.

Es ist davon auszugehen, dass die Zielgruppe der Sinn² App häufig nach denselben Verbindungen sucht beziehungsweise dieselben Haltestellen anfährt oder deren Abfahrtstafeln abruft. Aus diesem Grund wird dem Benutzer die Möglichkeit geboten, diese als Favoriten zu speichern. Dadurch kann der Benutzer schnell für ihn besonders wichtige Anfragen abrufen. Auf diese Weise müssen deutlich weniger Eingaben über ein für die Zielgruppe teilweise aufwändig zu bedienendes Softwarekeyboard erfolgen.

Über die im Hauptmenü zu findende Schaltfläche Favoriten gelangt der Benutzer zu dem in **Abbildung 16** abgebildeten **Auswahlbildschirm**. Hier kann er wählen auf welchen der beiden von der App Sinn² angegeben Favoriten-Typen er zugreifen möchte. Angeboten werden ihm dabei die im Folgenden näher beschriebenen **Routen Favoriten** und **Haltestellen Favoriten**.

6.4.2.2 Routen Favoriten

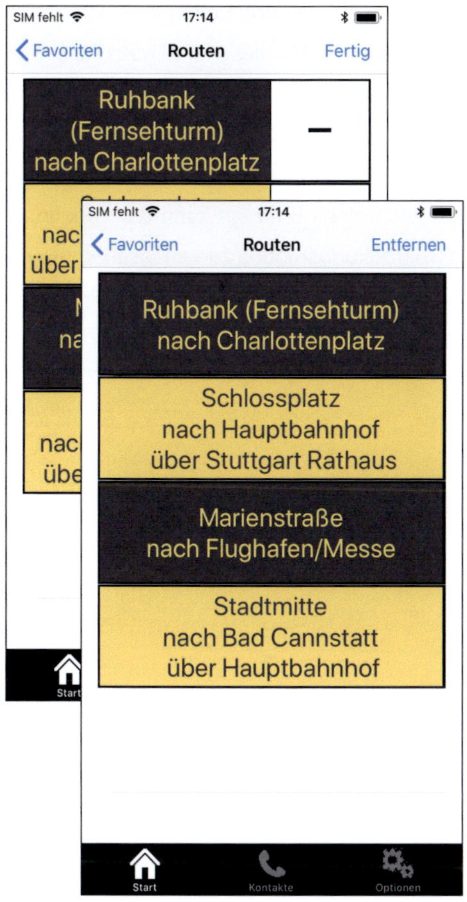

Abbildung 17: Untermenu - Routen Favoriten, Normal- und Bearbeitungsmodus

Im Untermenü **Routen Favoriten**, wird dem Nutzer eine Listenansicht der gespeicherten Favoriten des Typs Routen-Favorit präsentiert. Ein Routen-Favorit besteht dabei aus gespeicherten Informationen zu Start- und Zielort, sowie den gewünschten Umstiegen einer Verbindung. Die genauen Verbindungsinformationen eines jeweiligen Favoriten werden dabei kompakt in Textform angegeben. Dadurch wird sichergestellt, dass die Daten verlustfrei von einem Screen-Reader in akustische Informationen übersetzt werden können.

Durch Auswahl eines der Listenelemente wird eine neue **Verbindungsanfrage** mit den hinterlegten Informationen erstellt. Auf diese Weise wird die für die Zielgruppe recht zeitaufwändige Eingabe der hinterlegten Informationen übersprungen und der Nutzer direkt zur Eingabe einer Abfahrts- beziehungsweise Ankunftszeit weitergeleitet. Die Zeitangabe und die Präsentation der Ergebnisse geschieht wie in der in 6.4.3 beschriebenen **Start-Ziel Planung**. Dem Nutzer ist es somit möglich, schnell und direkt nach häufig genutzten Verbindungen zu suchen.

Wird ein zuvor gespeicherter Routen-Favorit nicht länger benötigt, kann dieser wieder entfernt werden. Hierzu muss in der Navigationsleiste am oberen Bildschirmrand über den Button **Entfernen** der **Bearbeitungsmodus** aktiviert werden. Der Modus ist in **Abbildung 17** im Hintergrund zu sehen und visuell durch das Einblenden von Schaltflächen zum Entfernen von Listeneinträgen erkennbar. Da diese für blinde und sehbehinderte Nutzer nicht wahrnehmbar sind, wird in diesem Modus zusätzlich beim Ansteuern eines Listeneintrags vor den eigentlichen Informationen des Favoriten das Wort *„Entferne"* vorgelesen, um den Benutzer wissen zu lassen, dass er sich noch im Bearbeitungsmodus befindet. Durch Auswählen eines Eintrags kann der zugehörige Routen-Favorit gelöscht werden. Um den Bearbeitungsmodus zu verlassen, muss der Benutzer die Schaltfläche **Fertig** betätigen, welche in diesem Modus die Schaltfläche **Entfernen** in der Navigationsleiste am oberen rechten Bildschirmrand ersetzt.

6.4.2.3 Haltestellen-Favoriten

Abbildung 18: Untermenü – Haltestellen Favoriten, Normal- und Bearbeitungsmodus

Im Untermenü **Haltestellen-Favoriten**, wird dem Nutzer eine Listenansicht der gespeicherten Favoriten des Typs Haltestellen-Favorit präsentiert. Die jeweiligen Haltestellen werden dabei über ihren jeweiligen, offiziellen Namen in Textform angegeben.

Durch Auswahl eines der Listenelemente wird direkt die Abfrage der Abfahrtstafeln der hinterlegten Haltestellen aufgerufen, ohne dass diese erst über den Menüpunkt Planung angewählt werden muss.

Im Gegensatz zu Routen-Favoriten haben Haltestellen-Favoriten jedoch auch eine indirekte Anwendung: Wird der Benutzer während der Verbindungsplanung nach Abfahrts- und Ankunftsort oder einem Zwischenhalt gefragt, kann er – anstatt eine Haltestelle manuell über das Textfeld einzugeben – einfach einen der hinterlegten Haltestellen-Favoriten auswählen. Alternativ kann beim Abrufen der Abfahrtstafeln einer bestimmten Haltestelle einer der Favoriten direkt gewählt werden, anstatt die gesuchte Haltestelle erst über das Textfeld eingeben zu müssen.

Das Entfernen eines Haltestellen-Favoriten aus der Liste funktioniert hierbei äquivalent zur Liste der Routen-Favoriten. Durch Betätigen der Schaltfläche **Entfernen** wird der bereits zuvor beschriebene **Bearbeitungsmodus** aktiviert, in dem vor der Beschreibung jeder Haltestelle zusätzlich das Wort *„Entferne"* vorgelesen wird und das Auswählen eines Eintrags zu seiner Entfernung aus der Liste führt.

6.4.3 Planung

6.4.3.1 Auswahlmenü

Abbildung 19: Planung-Menü

In dem über das Hauptmenü erreichbaren Untermenü **Planung** sind die von Fahrgastinformationssystemen üblicherweise angebotenen Funktionen zur Routenplanung sowie der Abfrage von Abfahrtstafeln bestimmter Haltestellen zusammengefasst.

Durch eine derartige **Gruppierung der Elemente**, kann die Anzahl der Schaltflächen im Hauptmenü gemäß dem Designprinzip der App zum einen gering gehalten werden, zum anderen findet der Benutzer die für ihn wichtigsten Funktionen zur Fahrgastinformation an einer Stelle. Dies trägt unter anderem zu einer intuitiven und einfachen Bedienung bei, da eine Verteilung dieser Funktionen auf mehrere Untermenüs die Struktur der Benutzerführung unnötig komplizieren würde und zu Verwirrung führen könnte.

Die Funktionalität der Routenplanung also der Suche nach einer Verbindung von Punkt A nach Punkt B, wird hierbei durch die über die über die Schaltflächen **Start-Ziel Planung** und **Schnellplanung** zugänglichen Funktionen abgedeckt. Auf diese wird im Folgenden näher eingegangen.

6.4.3.2 Start-Ziel Planung

Über die Schaltfläche Start-Ziel Planung ist es dem Benutzer möglich eine Reise im Voraus zu planen und die für ihn am besten geeignete Verbindung herauszufinden. Diese Funktion entspricht in ihrer Funktion der in der Mehrheit der derzeit verfügbaren Apps angebotenen Verbindungsplanung. Wie in Kapitel 6.3.5 bereits angesprochen, wurde in der App Sinn² jedoch auf Wunsch der Testgruppe hin besonderer Wert auf eine Benutzeroberfläche gelegt, die den Fahrgast schrittweise durch den Planungs-vorgang führt und somit Unklarheiten vermeidet.

Der genaue Ablauf einer solchen Start-Ziel Planung kann **Abbildung** 20 entnommen werden. Viele derzeitig verbreitete Apps fassen mehrere der im Ablaufdiagramm dargestellten Zwischenschritte in einer einzelnen Eingabemaske zusammen. Aufgrund der Informationsfülle und der recht hohen Anzahl an nötigen Bedienelementen kann ein Fahrgast mit Sehbehinderung, der durch die Funktionsweise von Screen-Readern bedingt jeweils nur ein Element der Anzeige gleichzeitig wahrnimmt, schnell die Orientierung verlieren.

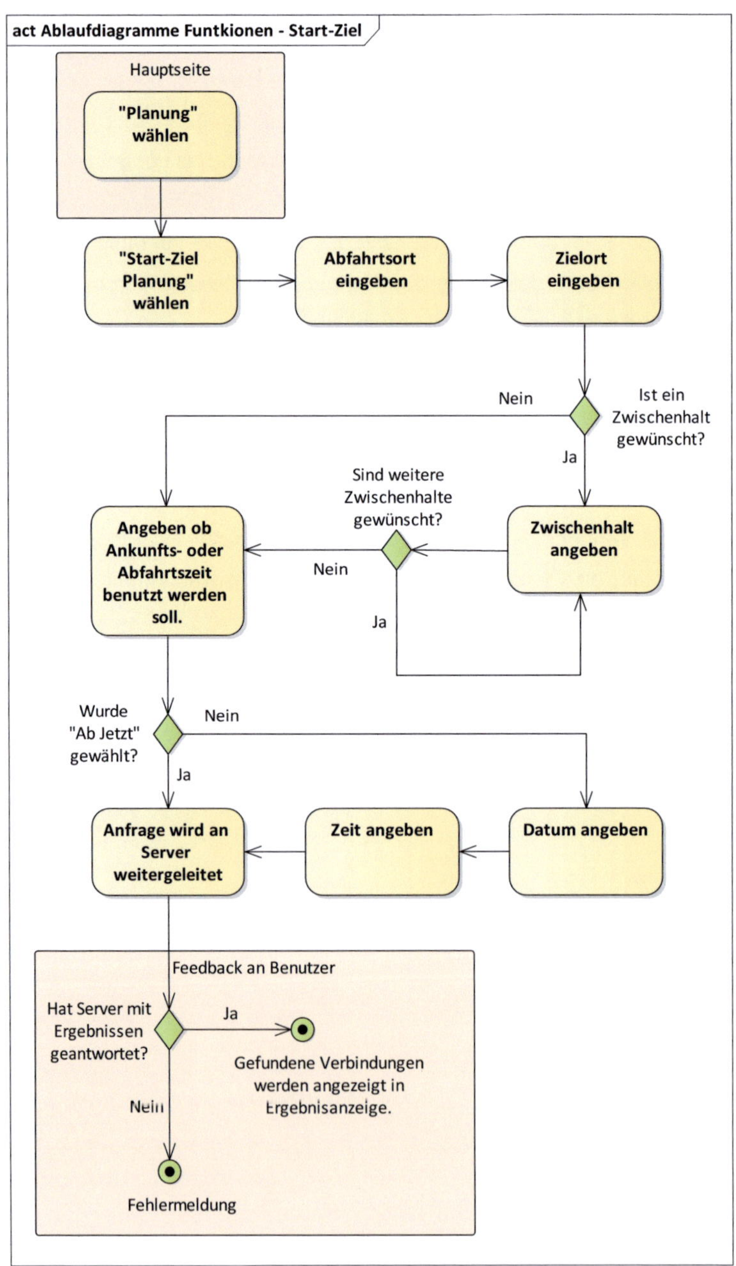

Abbildung 20: Ablauf Routenplanung Start-Ziel

Sinn² – Die barrierefreie Zwei-Sinne-Fahrgastinformation

Um dem entgegenzuwirken wurde in Sinn² für jeden dieser Zwischenschritte eine eigene Eingabemaske erstellt. Diese werden je nach Auswahl des Fahrgasts nach und nach abgearbeitet und führen diesen so gezielt durch die Erstellung der gewünschten Verbindungsanfrage.

Eingabe des Abfahrts- und Zielorts

Abbildung 21: Angabe des Abfahrtsorts

Abbildung 22: Vorgeschlagene Orte bei mehrdeutiger Eingabe (Eingabe: Oper)

Wählt ein Fahrgast die Funktion Start-Ziel Planung, wird er zunächst nach seinem gewünschten Abfahrtsort gefragt. In der in **Abbildung 21** dargestellten Anzeige, wird dem Fahrgast, wie es auch in anderen Apps üblich ist, angeboten einen Abfahrtsort direkt über ein Eingabefeld und die Bildschirmtastatur einzugeben. Diese Eingabe stimmt oft nicht exakt mit den systeminternen Haltestellen- oder Ortsbezeichnungen überein. In einem solchen Fall wird dem Benutzer in der folgenden Ansicht die vom

Server erstellte Auswahl an möglichen Übereinstimmungen mit der Eingabe präsentiert. Die Vorschläge des Servers werden dabei, wie in **Abbildung 22** dargestellt, primär nach Ortstypen sekundär nach einer vom Server bestimmten Übereinstimmungswahrscheinlichkeit mit der Eingabe geordnet und anschließend in Form einer Listenansicht präsentiert. Als Ortstypen werden hierbei typischerweise Haltestellen (**S**top), Sehenswürdigkeiten (**P**oints of interest) und Adressen (**A**dress) unterschieden. Diese werden auf dem Bildschirm aus Darstellungsgründen zwar durch die Buchstaben S, P und A dargestellt, wurden aber speziell für VoiceOver mit Text hinterlegt, wodurch bei Auswahl eines Elements korrekt der Ortstyp gefolgt vom jeweiligen Bezeichner vorgelesen wird. Diese Funktion wird von derzeit verbreiteten Apps oft in Form eines unter dem Eingabefeld erscheinenden Auswahlmenüs angeboten. Ein solches Bedienelement ist jedoch für VoiceOver Benutzer äußerst ungünstig. Da während der Eingabe des Textes der VoiceOver Fokus nicht auf das neu erscheinende Auswahlmenü übergeht und dieses so nicht vorgelesen wird, wird es auch nicht wahrgenommen. Sollte sich ein Benutzer dennoch über die Existenz eines solchen Menüs bewusst sein, müsste er sequentiell alle angebotenen Vorschläge durchgehen und unter Umständen anschließend wieder das Textfeld auswählen um die Texteingabe fortzusetzen. Aufgrund der fehlenden Übersicht über den gesamten Inhalt auf dem Bildschirm ist das direkte Auswählen des Eingabefeldes jedoch schwierig, wodurch der Benutzer unter Umständen die gesamte Vorschlagsliste rückwärts durchgehen muss um zum Ausgangspunkt zurückzukehren.

Zusätzlich zur textuellen Eingabe, bietet Sinn² weitere Möglichkeiten zur Angabe eines Abfahrtsorts an. Die Schaltfläche **Aktuelle Position** startet den Dienst zur Positionsbestimmung des Mobilgeräts und es wird versucht dessen aktuelle Position, in Form einer GPS Koordinate, zu bestimmen. Ist die Positionsbestimmung erfolgreich, wird die ermittelte Koordinate im weiteren Verlauf als Ausgangspunkt der Verbindungsanfrage verwendet. Kann jedoch keine gültige GPS-Koordinate bestimmt werden, wird eine Fehlermeldung ausgegeben und der Benutzer hat die Möglichkeit einen Abfahrtsort auf andere Weise einzugeben.

Durch das Betätigen der Schaltfläche **Nächstgelegen** wird dem Fahrgast, entsprechend der in 6.4.4 Beschriebenen Funktion **Nächstgelegene Haltestellen**, eine Liste aller Haltestellen in der näheren Umgebung seiner derzeitigen Position angezeigt. Um diese zu ermitteln muss ebenfalls die aktuelle Position des Mobilgeräts über die entsprechenden Dienste bestimmt werden. Zusätzlich zum Namen der jeweiligen Haltestelle wird eine Liste der dort Verkehrenden Verkehrsmittel sowie der Entfernung zur momentanen Position des Fahrgasts angegeben. Durch Auswählen einer der aufgelisteten Haltestellen, wird diese für die weitere Planung als Abfahrtsort verwendet.

Weiterhin wird, wie in 6.4.2 bereits angeführt, die Option angeboten einen hinterlegten **Haltestellen-Favoriten** als Abfahrtsort auszuwählen. Über **Favorit** gelangt man zu einer Listenansicht der hinterlegten Haltestellen-Favoriten. Durch Auswählen einer der hinterlegten Haltestellen wird diese als Abfahrtsort für die weitere Verbindungsplanung benutzt.

Im Anschluss an die Eingabe des Abfahrtsorts, wird der Benutzer aufgefordert einen Zielort anzugeben. Dies verläuft äquivalent zur Angabe des Abfahrtsorts, wobei die Optionen **Aktuelle Position** und **Nächstgelegen** nicht mehr zur Verfügung stehen. Da die eigene Position als Ziel irrelevant ist und die Option Nächstgelegen nur Haltestellen im unmittelbaren Umfeld des Benutzers angibt, die als Ziel höchst unwahrscheinlich und zu Fuß voraussichtlich schneller zu erreichen sind, kann auf diese verzichtet werden.

<u>Angabe gewünschter Umstiege</u>

Nach Angabe des Zielorts hat der Benutzer die Option einen Zwischenhalt für die Verbindungsplanung anzugeben. Hierzu wird er zuerst in der in **Abbildung 23** dargestellten Zwischenanzeige gefragt ob ein weiterer Zwischenhalt eingeplant werden soll.

Bei Betätigen der Schaltfläche **Kein Zwischenhalt** wird der Benutzer direkt zur Angabe der Abfahrts- bzw. Ankunftszeit weitergeleitet.

Soll jedoch ein weiterer Zwischenhalt angegeben werden, wird dem Benutzer bei Wahl der Schaltfläche die Möglichkeit gegeben dies zu tun. Zu diesem Zweck wird eine Eingabemaske aufgerufen, die äquivalent zur Eingabe des Zielorts ist und ebenfalls über ein Textfeld zur direkten Eingabe sowie eine Schaltfläche mit Verweis auf die Favoritenliste verfügt.

Abbildung 23: Auswahl ob weiterer Zwischenhalt gewünscht ist

Wird ein Zwischenhalt direkt eingegeben und kann nicht eindeutig einem dem Planungsdienst bekannten Ziel zugeordnet werden, wird auch hier dem Benutzer eine Auswahl wahrscheinlicher Übereinstimmungen, wie in **Abbildung 22** zu sehen, in Listenform präsentiert.

Die Auswahl eines Zwischenhalts funktioniert hier ebenfalls wie bei Angabe des Abfahrts- bzw. Zielorts. Für sehbehinderte Personen hat die Angabe eines Zwischenhalts eine im Vergleich zu nicht eingeschränkten Personen eine grundsätzlich größere Bedeutung. Oftmals lässt sich bei der Planung der Verbindung ein Umstieg nicht vermeiden. Da sich Haltestellen hierbei je nach Ausbaugrad in ihrer Barrierefreiheit und Übersichtlichkeit unterscheiden, haben viele sehbehinderte Personen bevorzugte Umsteigeorte. Dabei wird oft auch eine längere Reisezeit in Kauf genommen, wenn sich dadurch der Umstieg auf eine günstigere Haltestelle verlegen lässt. Da diese bevorzugten Haltestellen immer tendenziell häufig verwendet werden, bietet sich das Speichern als Favorit in einem solchen Fall an.

Nach Eingabe eines Zwischenhalts kehrt die App Sinn² zu dem in **Abbildung 23** aufgeführten Auswahlbildschirm zurück. Auf diese Weise ist es möglich beliebig viele Zwischenhalte anzugeben.

Angabe Abfahrts- beziehungsweise Ankunftszeit

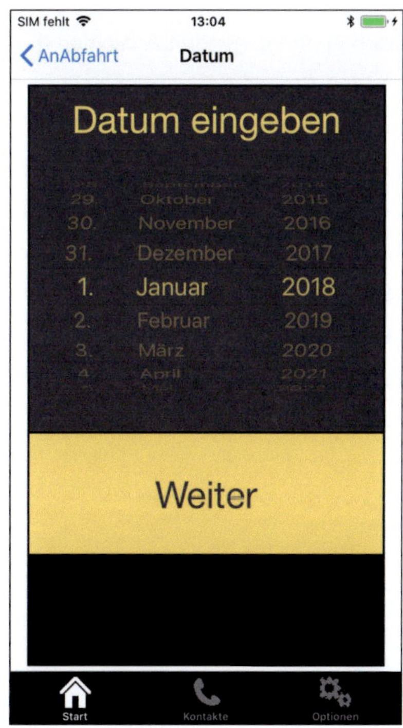

Abbildung 24: Auswahl ob Abfahrts- oder Ankunftszeit verwendet wird

Abbildung 25: Eingabemaske Datum

Zu diesem Zeitpunkt steht die örtliche Komponente der Route fest und für die Routen-planung fehlt lediglich die Angabe einer gewünschten Abfahrts- beziehungsweise An-kunftszeit.

Hierzu wird der Benutzer im Anschluss an die Auswahl von Zwischenhalten in das in **Abbildung 24** zu sehende Menü weitergeführt. Hier wird festgelegt ob für die Verbin-dungsplanung die Abfahrts- oder die Ankunftszeit berücksichtigt werden sollen.

Zusätzlich hat der Benutzer die Möglichkeit über die Schaltfläche **Ab jetzt** direkt die aktuelle Systemzeit des Mobilgeräts als Abfahrtszeit für die Verbindungsplanung zu verwenden. Dadurch können weitere Eingaben übersprungen werden, falls ein Benut-zer einfach die nächstmögliche Verbindung herausfinden möchte.

Wurden **Abfahrtszeit angeben** oder **Ankunftszeit angeben** gewählt, wird der Benutzer erst zur Eingabe eines Datums und anschließend einer Zeit aufgefordert. Hierzu werden in den folgenden Ansichten die für iOS Apps üblichen, in **Abbildung 25** zu sehenden Standard-Eingabeelemente in Form von Auswahlrollen angeboten. Diese sind für sehbehinderte Personen bereits vertraut und leicht zu bedienen, da keine direkte Eingabe über das Textfeld erfolgen muss. Standardmäßig werden die Wahlräder auf das aktuelle Datum beziehungsweise auf die aktuelle Zeit des Mobilgeräts eingestellt. Da in vielen Fällen die Fahrt noch am selben Tag stattfinden soll, kann so die Eingabe des Datums schnell übergangen werden und mit Betätigen der **Weiter Schaltfläche** schnell zur Zeitangabe übergegangen werden. Ist die gewünschte Zeit eingestellt, wird durch das Betätigen der Schaltfläche **Suchen** die Anfrage an die Routenplanungsserver übermittelt.

Kompaktmodus

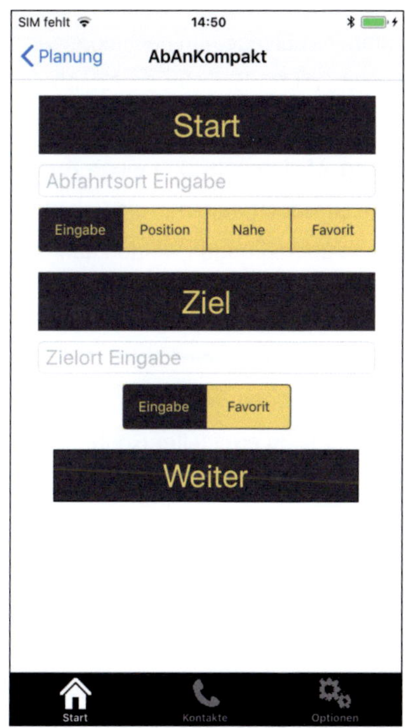

Abbildung 26: Kompaktmodus – Angabe Abfahrts- und Zielort

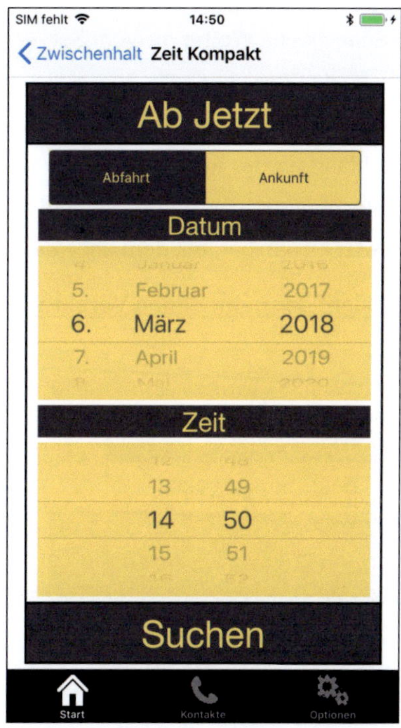

Abbildung 27: Kompaktmodus – Angabe Abfahrts- oder Ankunftszeit

Von einigen Testpersonen wurde die Befürchtung geäußert, dass die vielen Einzelschritte des Planungsverlaufs für erfahrene Benutzer als schleppend empfunden werden könnten. Aus diesem Grund kann über das Optionsmenü der App die Option **Kompaktmodus** aktiviert werden. In diesem Modus werden die Eingabebildschirme für Abfahrts- und Zielort sowie für die Zeitangabe jeweils zu einem einzelnen Eingabebildschirm zusammengefasst. Auf diese Weise können mehr Informationen gleichzeitig in einem Schritt eingegeben werden.

In beiden Fällen stehen jedoch dieselben Funktionen zur Verfügung, die auch in der Standardoberfläche angeboten werden. **Abbildung 26** zeigt, dass im Kompaktmodus

Abfahrts- und Zielort gleichzeitig über ein Textfeld eingegeben werden. Bei nicht eindeutiger Zuordnung der Eingabe zu den hinterlegten Orten erscheinen nach Betätigen der Schaltfläche **Weiter** die vom Server ermittelten Vorschläge nun nacheinander. Die Eingabe der Zwischenhalte ändert sich im Kompaktmodus nicht. Um die Angabe einer Abfahrts- beziehungsweise Ankunftszeit zusammenzufassen, wurde die Auswahl einer Abfahrts- oder Ankunftszeit (wie in **Abbildung 27** dargestellt) in einen Auswahlschalter geändert. Als erstes Element der Anzeige ist jedoch weiterhin die Schaltfläche **Ab Jetzt** anwählbar, mit dem der Rest der Eingabe übersprungen werden kann.

Übersicht der gefundenen Verbindungen

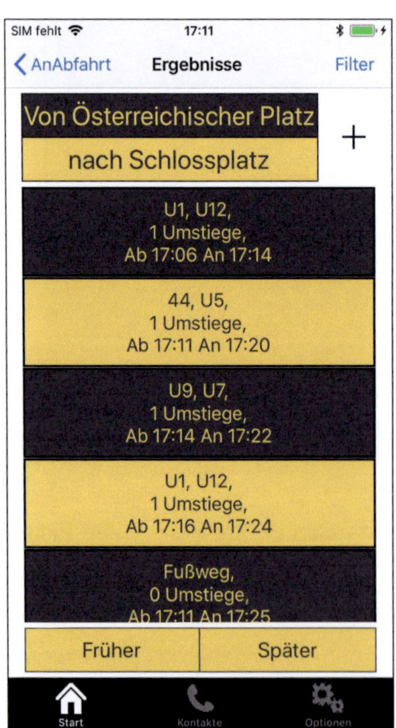

Abbildung 28: Liste der Zusammenfassungen der ermittelten Routen

Der Routenplanungsserver antwortet auf die nach dem vorherigen Schritt erzeugten Anfragen mit einer Liste ermittelter Routen, die den Suchparametern entsprechen. Da diese alle im Detail anzuzeigen wären und dies in einer sehr großen Menge an Informationen auf der Anzeige resultieren würde, ist es auch in anderen Apps zur Fahrgastinformation üblich, diese zuerst in einer zusammengefassten Ansicht darzustellen. So ist es dem Benutzer möglich eine Vorauswahl zu treffen und sich nur bestimmte Verbindungen im Detail anzeigen zu lassen. Dieser Ansatz deckt sich mit dem Konzept die Informationsdichte einer einzelnen Anzeige möglichst gering zu halten.

Die während des Projekts befragten Testpersonen haben einheitlich angegeben, dass für die Auswahl einer für sie interessanten Route nur wenige Faktoren eine Rolle spielen. Besonders zu beachten ist hierbei, dass nicht wie erwartet die Abfahrts- und Ankunftszeit als wichtigste Punkte genannt wurden, sondern vor allem die für die Verbindung vorgesehenen Verkehrsmittel und die Anzahl der Umstiege. Insbesondere sind Umstiege für sehbehinderte Menschen aufgrund der dabei gefühlten Unsicherheit ein deutlich größeres Hindernis als für nicht eingeschränkte Personen. Es ist daher nicht ungewöhnlich, dass langsamere oder spätere Verbindungen mit weniger Umstiegen bevorzugt werden. Ebenso verhält es sich mit den Verkehrsmitteln, bei denen es unterschiedliche Vorlieben gibt. Aus diesem Grund wird an dieser Stelle der App Sinn² in der Navigationsleiste die Schaltfläche **Filter** angeboten. Hierüber wird eine Ansicht aufgerufen, in der dem Benutzer die Möglichkeit geboten wird, die in 6.5.2 näher beschriebenen Filtereinstellungen bezüglich erlaubter Verkehrsmittel und maximaler Umstiege für die aktuelle Suchanfrage nochmals anzupassen und so die Auswahl weiter einzugrenzen.

Am oberen Rand der Ansicht werden dem Benutzer nochmals Abfahrts- und Zielort angezeigt, damit er sichergehen kann, dass es sich um die richtige Verbindung handelt. Neben dieser Erinnerung befindet sich die mit einem **+** Zeichen dargestellte Schaltfläche *Favorit hinzufügen*. Da ein Screen-Reader hier nur ein sehr missverständliches „Plus" oder "Additionszeichen" vorlesen würde, wurde im Quellcode der App explizit hinterlegt, dass an dieser Stelle auch **Favorit hinzufügen** vorgelesen wird. Es ist zu beachten, dass diese Schaltfläche inaktiv geschaltet wird, sollte als Ausgangspunkt der Routenplanung die aktuelle Position des Benutzers gewählt worden sein.

In der darunter folgenden Listenansicht werden die vom Server ermittelten Verbindungen nach Startzeitpunkt sortiert und in Kurzform aufgelistet. Die Kurzform besteht dabei in Anlehnung auf die Ergebnisse der Befragungen aus einer Liste der in der Verbindung benutzten Verkehrsmittel, der Anzahl der nötigen Umstiege sowie der Abfahrts- und Ankunftszeit. Bei Auswahl eines der Listenelemente wird die Detailansicht der jeweiligen Verbindung geöffnet und deren genauer Verlauf dargestellt.

Der Listenansicht folgend findet der Benutzer die Schaltflächen **Früher** und **Später**. Sollte er keine passenden Verbindungen für die von ihm angegebene Zeit finden, so kann er über diese die Anfrage für einen um 15 Minuten früheren beziehungsweise späteren Zeitpunkt erneut absenden.

Detailansicht einer Verbindung

Abbildung 29: Detailansicht einer Verbindung

In der über die Übersicht der gefundenen Verbindungen erreichbaren Detailansicht, wird dem Benutzer der detaillierte Verlauf der Reise dargestellt.

Wie bereits bei der Übersicht aller Verbindungen werden dem Benutzer noch einmal Abfahrts- und Zielort gefolgt von der Gesamtdauer der Reise präsentiert. So kann er sichergehen, dass es sich bei der angezeigten Verbindung auch tatsächlich um die richtige handelt.

Diesen generellen Informationen folgend, wird der detaillierte Reiseverlauf dargestellt. Bei den Befragungen der Testpersonen hat sich bestätigt, dass eine sinnvolle Gruppierung der hierbei anfallenden Informationen für Screen-Reader zu beachten ist, da bereits bei einer einfachen Verbindung üblicherweise zumindest die Informationen zum benutzten Verkehrsmittel, Abfahrts- und Ankunftszeit sowie Abfahrts- und Ankunftsort anfallen. Wird jede dieser Informationen in einem Einzelelement präsentiert, muss der Benutzer bereits für diese einfache Verbindung fünf Bedienhandlungen ausführen, um zu deren Ende zu navigieren. Diese Anzahl kann z. B. bereits mit wenigen Umstiegen und unter Einbeziehung des Fußwegs zur Haltestelle schnell ansteigen, was die Orientierung auf der Ansicht weiter beeinträchtigt und den Benutzerkomfort deutlich mindert. Aus diesem Grund ist es für sehbehinderte Personen, die einen Screen-Reader benutzen, sinnvoller, zusammenhängende Informationen in Containerelementen zu gruppieren und am Stück vorzulesen. Dadurch wird bei zu vielen Einzelinformationen ein unmittelbarer Kontext gegeben und die Anzahl der Bedienhandlungen zum Erreichen des Endes der Verbindung deutlich reduziert.

Die Antwort auf die Verbindungsanfrage wird hierbei bereits vom Server in Teilabschnitte aufgespalten. Jeder dieser Teilabschnitte umfasst die Fahrt mit einem einzelnen in der Verbindung benutzten Verkehrsmittel, einen Umstieg oder einen Fußweg. Um die anzuzeigenden Information in einem sinnvollen Kontext zu gruppieren, wird jeder dieser Teilabschnitte innerhalb der Listenansicht in einem eigenen Listenelement dargestellt. Die Listenelemente können von VoiceOver oder anderen Screen-Readern jeweils einzeln angewählt werden, wodurch sich der Benutzer – je nach seiner aktuellen Position in der Verbindung – die für ihn relevanten Informationen schnell und im Kontext vollständig vorlesen lassen kann.

In der App werden zu den Teilabschnitten einer Fahrt Informationen zur Bezeichnung des Verkehrsmittels und dessen Fahrtrichtung, Abfahrts- und Ankunftszeit sowie Abfahrts- und Ankunftshaltestelle dargestellt (siehe **Abbildung 29**). Sofern bekannt, werden die Angaben der Haltestellen um genaue Angaben zu Gleisnummer oder Haltestellen-Bucht erweitert.

Im Falle von Umstiegen wird zur Herstellung eines Kontexts als erstes angegeben, dass es sich um einen solchen handelt. Anschließend wird dem Benutzer angegeben, wie viel Zeit ihm für diesen speziellen Umstieg zur Verfügung steht und zwischen welchen Örtlichkeiten dieser stattfindet. Insbesondere die explizite Darstellung der zur Verfügung stehenden Zeit ist hierbei für sehbehinderte Personen wichtig. In den Optionen kann zur Berechnung der Umsteigezeit eine individuelle Gehgeschwindigkeit hinterlegt werden. Aufgrund der unterschiedlichen Ausbaustufen von Haltestellen und der variierenden Ortskenntnis dienen die angegebenen Umsteigezeiten jedoch lediglich als Anhaltswert.

Fußwege werden ähnlich einem Umstieg zur Erstellung eines Kontexts als solche hervorgehoben. Zusätzlich werden die vom Server errechnete Distanz, Reisedauer sowie Start- und Zielpunkt mit angegeben. Auch hier ist die explizite Angabe von Distanz und Reisedauer von besonderem Interesse. Da sich die Navigation zum Ziel je nach Umgebung und Ortskenntnis des Benutzers stark im Schwierigkeitsgrad unterscheidet, kann der Benutzer so besser abschätzen, ob sich diese Verbindung für ihn als machbar gestaltet.

6.4.3.3   Schnellplanung

Im Menü **Planung** (siehe **Abbildung 19**) steht die Funktion **Schnellplanung** zur Verfügung. Diese arbeitet intern äquivalent zu der im vorherigen Abschnitt beschrieben **Start-Ziel Planung**, trägt aber als Startpunkt der Verbindungsplanung automatisch die aktuelle Position des Benutzers ein. Diese wird über die GPS-Funktion des Mobilgeräts ermittelt. Als Startzeitpunkt wird zudem die aktuelle Uhrzeit gewählt. Der Benutzer muss somit nur noch einen Zielort und evtl. gewünschte Zwischenhalte angeben. Die Angabe von Zielort und Zwischenhalten geschieht dabei auf dieselbe Weise wie bei der **Start-Ziel Planung**.

Diese Funktion ist als schnelle Alternative zu einer ausführlichen Start-Ziel Planung gedacht, die verwendet werden kann, wenn man kurzfristig oder unter Zeitdruck die nächstmögliche Verbindung zu einem bestimmten Ziel in Erfahrung bringen will. Für sehbehinderte Personen, insbesondere solche, die im Umgang mit Mobilgeräten noch unerfahren sind, gestalten sich Eingaben über die Softwaretastatur deutlich aufwändiger als für Personen ohne diese Einschränkung. Zwar wird von Apple grundsätzlich die Funktion der Spracheingabe angeboten, diese steht jedoch nicht immer zur Verfügung und kann insbesondere bei lauten Umgebungsgeräuschen unzuverlässig sein. Durch das Wegfallen einiger Eingaben wird der Ablauf der Erstellung einer Verbindungsanfrage stark verkürzt (siehe

Abbildung 30). Bezieht man außerdem die Möglichkeit der Angabe eines Zielorts über die Favoriten mit ein, ist es einem Benutzer möglich, eine Verbindungsanfrage mit nur sehr wenigen Bedienhandlungen abzuschließen.

Die vom Server zurückgelieferten Verbindungen werden im selben Format wie bei der Start-Ziel Planung dargestellt. Die Funktion **Favorit hinzufügen** ist hierbei jedoch standardmäßig deaktiviert, da als Startpunkt stets die aktuelle Position angegeben wird.

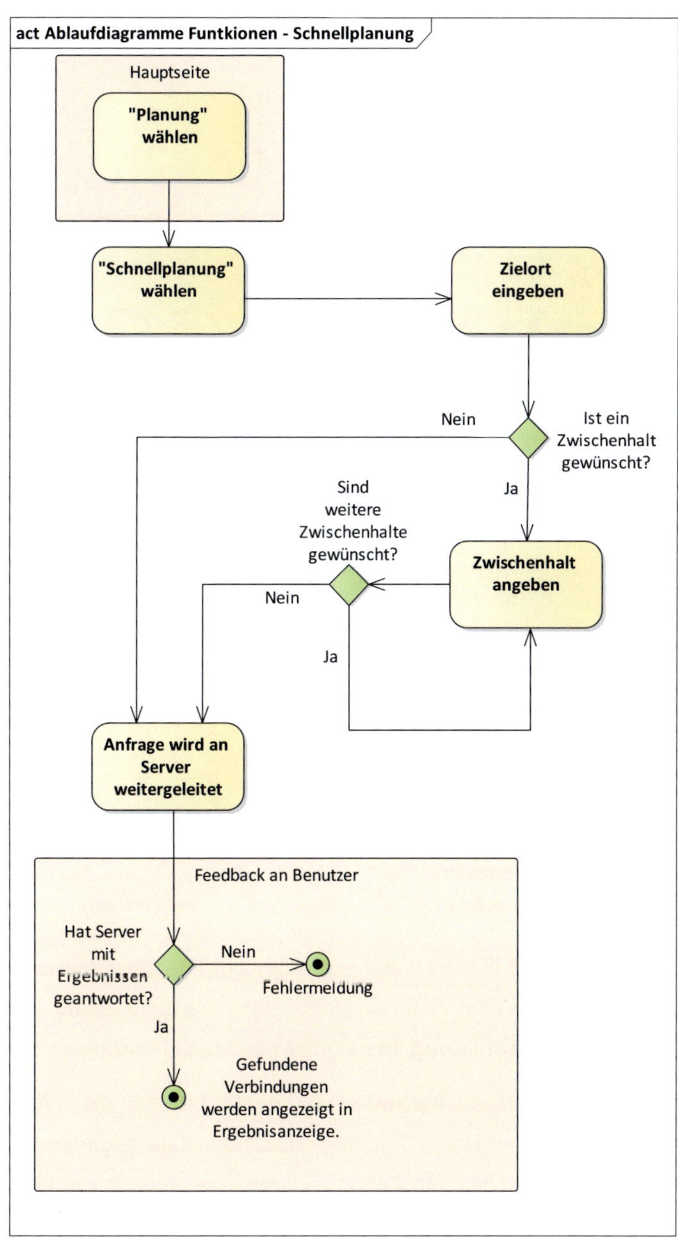

Abbildung 30: Ablauf Routenplanung Schnellplanung

6.4.3.4 Fahrplan

Abfahrten an einer Haltestelle

Abbildung 31: Angabe einer Haltestelle zur Abfrage der Abfahrstafel

Abbildung 32: Auswahl zwischen Live oder Plan Abfahrtstafel

Eine weitere wichtige und üblicherweise von Apps zur Fahrgastinformation angebotene Funktionalität ist die Abfrage der an einer Haltestelle abfahrenden Linien. In der App Sinn² ist diese im in **Abbildung 19** dargestellten Menü **Planung** zu finden.

Nach Betätigen der Schaltfläche **Fahrpläne** wird der Benutzer zu der in **Abbildung 31** zu sehenden Ansicht weitergeleitet. Hier kann eine Haltestelle angegeben werde, deren Abfahrtstafel später auf dem Mobilgerät angezeigt werden soll. Dem Benutzer stehen dabei die aus der in 6.4.3 beschriebenen Routenplanung bekannten Eingabemöglichkeit über ein Textfeld, der Auswahl einer in der Nähe befindlichen Haltestelle und der Auswahl eines zuvor gespeicherten Favoriten zur Auswahl.

Gibt der Benutzer eine Haltestelle über das Textfeld ein, entspricht die Eingabe unter Umständen nicht eindeutig einer der auf dem Server hinterlegten internen Haltestellenbezeichnung. In einem solchen Fall antwortet der Server mit einer Liste an möglichen Übereinstimmungen, die dem Benutzer nach der vom Server errechneten Wahrscheinlichkeit zur Übereinstimmung geordnet in einer der **Abbildung 22** entsprechenden Listenansicht präsentiert werden. Wie bei der Routenplanung ist diese Form der Auswahl den unter dem Textfeld erscheinenden Vorschlägen während der Eingabe vorzuziehen, da diese nicht oder nur sehr schwer über einen Screen-Reader wahrgenommen werden können.

Über **Nächstgelegen** wird dem Benutzer eine Liste von Haltestellen in seiner näheren Umgebung präsentiert, aus der die gewünschte Haltestelle gewählt werden kann. Hierzu wird die aktuelle Position des Benutzers über die GPS-Dienste des Mobilgeräts ermittelt. Dies entspricht der in 6.4.4 beschriebenen Funktion **Nächstgelegene Haltestellen**.

Die Schaltfläche **Favorit** leitet den Benutzer zu der in 6.4.2 vorgestellten Liste seiner gespeicherten **Haltestellen-Favoriten** weiter. Durch Auswählen eines Listenelements wird die hinterlegte Haltestelle in der weiteren Abfrage der Abfahrtszeiten verwendet.

Ist die Auswahl einer Haltestelle abgeschlossen, wird der Benutzer, in dem in **Abbildung 32** abgebildeten Menü aufgefordert zu wählen, ob er sich die Abfahrten zum aktuellen Zeitpunkt **Live** anzeigen lassen will, oder ob er sich die Abfahrtszeiten laut **Fahrplan** zu einem bestimmten, von ihm angegebenen Zeitpunkt anzeigen lassen möchte.

Live Abfahrtstafel

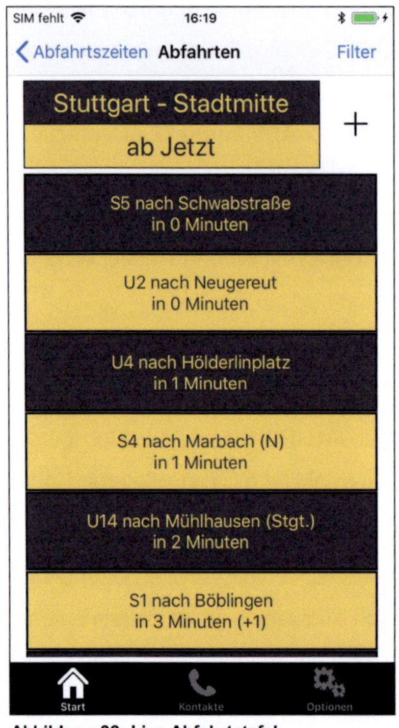

Abbildung 33: Live Abfahrtstafel

Über den Punkt **Live** im in **Abbildung 32** abgebildeten Menü gelangt der Benutzer zur **Live-Abfahrtstafel**. Diese entspricht in ihrer Funktion den an besser ausgebauten Haltestellen zu findenden Haltestellenanzeigern, auf denen die als nächstes erwarteten Abfahrten angezeigt werden. Der Wunsch nach einer solchen Funktion wurde während der Befragungen der Testpersonen explizit geäußert.

Als erstes Element der Ansicht wird dem Benutzer noch einmal zur Bestätigung der Name der Haltestelle sowie der Zeitpunkt **ab Jetzt** genannt, damit er sich versichern kann auch die gewünschten Informationen zu erhalten.

Über die Funktion **Favorit hinzufügen**, die optisch durch ein + Zeichen dargestellt wird, kann die momentan betrachtete Haltestelle zu den in 6.4.2 besprochenen Favoriten hinzugefügt werden. Wie bei der Verbindungsplanung wurde im Quellcode für die Schaltfläche ein separater Text für den Screen-Reader hinterlegt.

In der folgenden Listenansicht werden die nächsten Abfahrten an der gewählten Haltestelle angezeigt. Dabei wird, wie in **Abbildung 33** gezeigt, ebenfalls entsprechend eines Haltestellenanzeigers erst die Linienbezeichnung und deren Fahrtrichtung gefolgt von der erwarteten Zeit in Minuten bis zur Abfahrt angegeben.

Über die in der Navigationsleiste angebrachte Schaltfläche **Filter** können die Filterregeln für erlaubte Verkehrsmittel angepasst und somit die Menge der angezeigten Abfahrten beschränkt werden.

Sofern seitens des Servers verfügbar, werden hierbei Echtzeitdaten inklusive gemeldeter Verspätungen verwendet. Im Verlauf der Befragungen wurde deutlich, dass für die Testpersonen die explizite Angabe einer vorliegenden Verspätung und deren Ausmaß sehr wichtig sind. Dies wurde damit begründet, dass sehbehinderte Personen verstärkt auf ihnen vertraute Verbindungen zurückgreifen und deren Anschlussverbindungen für sie bereits bekannt sind. Durch eine explizite Angabe der Verspätung können die Testpersonen bereits im Voraus abschätzen, ob sie den Anschluss erreichen werden oder ob sie eine spätere beziehungsweise alternative Verbindung nehmen müssen. Aus diesem Grund wurde für die Sinn²-App folgende Konvention bezüglich der Darstellung von Verspätungen gewählt (in **Abbildung 33** bei der S1 nach Böblingen erkennbar):

- Liegt eine Verspätung vor, wird diese bei der Anzeige der erwarteten Abfahrtszeit direkt mit eingerechnet.
- Das Ausmaß der Verspätung wird darüber hinaus zusätzlich hinter der Anzeige der erwarteten Abfahrtszeit in Klammern in Minuten angezeigt.

Abbildung 34: Live Abfahrtstafel als Ersatz für Haltestellenanzeiger   (Quelle: Autoren)

Auf diese Weise erfährt der Fahrgast direkt den tatsächlichen Abfahrtszeitpunkt, anhand dessen er Wartezeiten abschätzen oder abwägen kann ob die Haltestelle noch rechtzeitig erreicht wird. Durch die anschließende Darstellung der Verspätung wird er zusätzlich zum einen auf diese hingewiesen, zum anderen kann er aufgrund deren

Ausmaßes erkennen, ob die unter Umständen von ihm geplante Anschlussfahrt noch erreichbar ist.

Da die **Live-Abfahrtstafel** als Ersatz für den Haltestellenanzeiger dienen soll, muss diese aktuell gehalten werden. Aus diesem Grund wird die Anzeige alle 60 Sekunden automatisch aktualisiert. Da sich das vom Screen-Reader ausgewählte Element bei der Aktualisierung ändert, wird dieses neu vorgelesen und der Benutzer somit über die neuen Daten und die Änderung der Anzeige informiert. Aufgrund der Anzeige des Abfahrtszeitpunkts in Minuten hat sich dieses Intervall in der Praxis als ausreichend erwiesen.

Fahrplan Abfahrtstafel

Abbildung 35: Fahrplan Abfahrtstafel

Hat sich der Benutzer bei der Auswahl zwischen **Live** und **Fahrplan** Modus für letzteren entschieden, wird er zunächst aufgefordert, ein Datum und eine Uhrzeit anzugeben, für die er die Abfahrten an der gewählten Haltestelle abrufen möchte. Die Eingabe von Datum und Uhrzeit geschieht dabei über die ebenfalls bei der Verbindungsplanung verwendeten, für iOS Apps üblichen, in **Abbildung 25** zu sehenden Standard-Eingabeelemente in Form von Auswahlrollen. Diese sind für sehbehinderte Personen bereits vertraut und leicht zu bedienen, da keine direkte Eingabe über das Textfeld erfolgen muss. Standardmäßig werden die Wahlräder auf das aktuelle Datum beziehungsweise auf die aktuelle Zeit des Mobilgeräts eingestellt.

Äquivalent zur **Live-Abfahrtstafel** werden, wie in **Abbildung 35** dargestellt, dem Benutzer zuerst die gewählte Haltestelle sowie der abgefragte Zeitpunkt als Information und Kontrollmöglichkeit angezeigt. Ebenfalls identisch sind Positionierung und Funktion der Schaltfläche **Favorit hinzufügen**.

In der folgenden Listenansicht werden dem Benutzer die vom Server zurückgegeben, geplanten nächsten Abfahrten zur zuvor ausgewählten Zeit präsentiert. Die einzelnen Listeneinträge haben dabei das aus der Live-Abfahrtstafel bekannte Format, bei dem die Bezeichnung der jeweiligen Linie und ihrer Fahrtrichtung gefolgt von der geplanten Abfahrtszeit angegeben werden. Die Angabe der Abfahrtszeit geschieht hierbei als Uhrzeit. Da sich die Abfrage auf eine bestimmte Zeit bezieht, müsste der Benutzer bei einer Angabe in Minuten bis zur Abfahrt sonst unnötige Umrechnungen durchführen.

Auch in dieser Ansicht können über die in der Navigationsleiste angebrachte Schaltfläche **Filter** die Filterregeln für erlaubte Verkehrsmittel angepasst und somit die Menge der angezeigten Abfahrten beschränkt werden.

Sind zum Zeitpunkt der Abfrage bereits Echtzeitdaten über Verspätungen verfügbar, werden diese auch bei der **Fahrplan Abfahrtstafel** direkt berücksichtigt. Dabei wird nach der aus der Live Abfahrtstafel bekannten Konvention vorgegangen, bei der die Verspätung direkt in die Angabe der Abfahrtszeit eingerechnet wird und zusätzlich das Ausmaß der Verspätung in Klammern angegeben wird.

6.4.4   Nächstgelegen

6.4.4.1   Anzeige der Haltestellen der Umgebung

Während der Befragungen hat sich wiederholt herausgestellt, dass eine große Nachfrage nach Orientierungs- und Navigationshilfen bei den Testpersonen besteht. Es ist zwar keine Kernaufgabe der Fahrgastinformation, eine vollständige Navigationshilfe bereitzustellen, jedoch wird oft die Funktionalität angeboten, sich in der Nähe befindliche Haltestellen auf einer Karte anzeigen zu lassen. Eine solche Kartenanzeige ist für Sehbehinderte, die Screen-Reader benutzen, weitgehend nutzlos, da der Screen-Reader in der Regel nicht in der Lage ist, die Kartenansicht in für den Benutzer verständliche Informationen umzuwandeln.

Mit der auswählbaren Funktion **Nächstgelegene Haltestellen**, die in 6.4.2 beschrieben ist, bietet die App Sinn² eine vergleichbare Funktion, die problemlos von Screen-

Readern wiedergegeben werden kann. Nach Auswählen der Funktion wird zunächst die Position des Benutzers über die GPS-Dienste des Mobilgeräts bestimmt. Diese werden anschließend dazu benutzt per Serveranfrage zu bestimmen, welche Haltestellen sich in einem Umkreis von etwa 1,5 Kilometern des Benutzers befinden und wie weit diese jeweils von ihm entfernt sind.

Abbildung 36: Übersicht über Haltestellen in der Umgebung   **Abbildung 37: Live Abfahrtstafel einer nahegelegenen Haltestelle**

Die gefundenen Haltestellen werden dem Benutzer daraufhin in der in **Abbildung 36** zu sehenden Listenansicht präsentiert. Ein Listeneintrag repräsentiert dabei jeweils eine gefundene Haltestelle und besteht aus der Angabe des Ortsnamens in dem sich die Haltestelle befindet, dem Namen der Haltestelle, einer Liste der an der Haltestelle verkehrenden Verkehrsmittel sowie der vom Server errechneten Distanz der Haltestelle zu der in der Anfrage enthaltenen GPS-Koordinate.

Verfügt der Benutzer über ein gewisses Maß an Ortskenntnis, kann er sich mithilfe der aufgelisteten Haltestellen und Distanzen allein mit diesen Informationen ein grobes Bild seiner Umgebung machen und abschätzen, wo er sich in etwa befindet. Auch ohne Ortskenntnis kann so schnell herausgefunden werden, welche Anbindungsmöglichkeiten in der unmittelbaren Umgebung zur Verfügung stehen. Es ist darauf zu achten, dass nur solche Haltestellen angezeigt werden, die von Verkehrsmitteln bedient werden, welche den im Optionsmenü festgelegten Filterregeln entsprechen. Mehr zu den Filterregeln ist in 6.5.2 zu finden.

Um die Auswahl der angezeigten Haltestellen zu verfeinern beziehungsweise zu erweitern, wird dem Benutzer im Navigationsbalken dieser Ansicht – äquivalent zur in 6.4.3 beschrieben Übersicht der gefunden Verbindungen – die Schaltfläche Filter angeboten, über die er die Filtereinstellungen nochmals anpassen kann.

6.4.4.2 Live Ansicht einer nahegelegenen Haltestelle

Nach dem Auswählen einer der angezeigten nahegelegenen Haltestellen wird eine Liste mit erwarteten Abfahrten aufgerufen, die der in 0 vorgestellten Live Abfahrtstafel entspricht.

Dem Benutzer wird zunächst nochmals auf die Ortschaft und die Bezeichnung der angezeigten Haltestelle hingewiesen um sicherzugehen, dass es sich um die von ihm gewählte Örtlichkeit handelt. Wie in den anderen Anzeigen für Abfahrtstafeln sind auch hier die bekannten Schaltflächen **Favorit hinzufügen** und **Filter** verfügbar.

In der folgenden Listenansicht werden die den aktiven Filterregeln entsprechenden Abfahrten im ebenfalls aus der Live Abfahrtstafel bekannten Format dargestellt. Neben Bezeichnung der Linie und deren Fahrtrichtung wird die erwartete Zeit bis zu deren Abfahrt in Minuten angegeben. Sofern Echtzeitdaten zu Verspätungen vorhanden sind, werden diese direkt miteingerechnet und deren Ausmaß als Hinweis für den Benutzer nochmals separat angegeben. Die Daten werden hierbei ebenfalls alle 60 Sekunden aktualisiert.

Da die Abfahrtstafel aus der Liste der Ansicht der in der Umgebung des Benutzers liegenden Haltestellen geöffnet wurde, kann angenommen werden, dass er diese erreichen und von ihr abfahren möchte. Aus diesem Grund wird ihm, wie **Abbildung 37** zeigt, im Anschluss an die Listenansicht der Abfahrtsereignisse die Schaltfläche **Richtung** angeboten. Über diese erreicht der Benutzer eine im Folgenden beschriebene, einfache Navigationshilfe, die ihm helfen soll die Haltestelle aufzufinden.

6.4.4.3 Navigationshilfe mit Richtungsanzeige

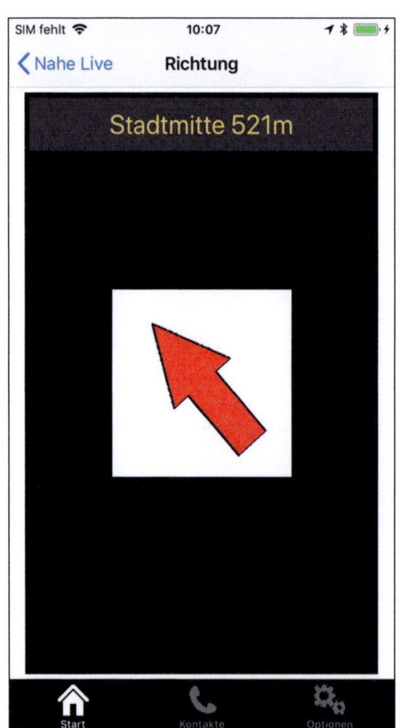

Abbildung 38: Navigationshilfe mit Richtungsanzeige

Wie bereits zu Beginn von Kapitel 6.4.4 angeführt, ist der Wunsch nach Navigationshilfen, die zuverlässig über Screen-Reader bedienbar sind, innerhalb der Zielgruppe groß. Der erste Teil der Funktionalität, sich nahegelegene Haltestellen auf einer Karte anzeigen zu lassen, wurde dabei bereits durch die ebenfalls in 6.4.4 vorgestellte Listenansicht erreicht. Für Personen, die nicht in ihrer Sehkraft eingeschränkt sind, bietet die in der Regel nicht mit Screen-Readern kompatible Kartenansicht jedoch gleichzeitig die Funktion einer eingeschränkten Navigationshilfe und beantwortet die Frage: *„Wohin muss ich gehen, um eine der nächstgelegenen Haltestellen zu erreichen?"*. Um diesen Aspekt ebenfalls für die Zielgruppe abzubilden, wird die in **Abbildung 38** dargestellte Navigationshilfe angeboten.

Die hier beschriebene Navigationshilfe ist kein Ersatz für eine vollständige Navigation. Die verwendeten Distanz- und Richtungsangaben basieren hierbei auf den durch das Mobilgerät ermittelten Daten. Diese sind aufgrund von Restriktionen der Hardware und der verwendeten Technologien inhärent mit Fehlern behaftet und daher nicht exakt.

Um den Benutzer beim Auffinden der gewählten Haltestelle zu unterstützen, werden ihm zum einen über den Text zu Beginn der Ansicht der Name der Haltestelle, sowie die anhand der GPS-Koordinaten von Haltestelle und Mobilgerät ermittelte Distanz zu dieser angezeigt. Die exakte GPS-Koordinate einer Haltestelle kann hierbei vom Server des Verkehrsunternehmens abgefragt werden, während die GPS-Koordinate des Mobilgeräts durch die jeweiligen Dienste ständig aktualisiert wird und aufgrund von Faktoren wie beispielsweise schwacher Signalstärke oder Interferenz in ihrer Genauigkeit schwankt. Die Anzeige der Distanz wird bei Ermittlung einer neuen GPS-Koordinate durch das Mobilgerät aktualisiert. Bei einer Änderung der Distanz über einen 50 Meter Abschnitt hinweg, erhält ein Screen-Reader, sofern aktiviert, die Anweisung, die aktuelle Distanz neu vorzulesen. Alternativ kann der Benutzer jederzeit das Textfeld neu anwählen, um dessen Inhalt erneut vorlesen zu lassen. Zur Berechnung der Distanz wird dabei die **Haversine Formel** (vgl. Inman, J. 1835) zur Bestimmung zweier Punkte auf einer Kugel verwendet.

Zusätzlich wird über die verbauten Sensoren, die Ausrichtung des Mobilgerätes ermittelt. Dadurch ist es möglich die relative Richtung zu bestimmen, in der sich die gewählte Haltestelle im Verhältnis zur Blickrichtung des Benutzers befindet. Diese wird dann über den ebenfalls in **Abbildung 38** angezeigten roten Pfeil dargestellt. Da ein sehbehinderter Benutzer diesen Pfeil unter Umständen nur schwer bis gar nicht wahrnehmen kann, wird die Vibrationsfunktion des Mobilgeräts aktiviert, sobald dieses zur Haltestelle hin ausgerichtet ist. Dabei vibriert das Gerät im Sekundentakt. Um Ungenauigkeiten und Schwankungen aufgrund der Bewegung des Benutzers auszugleichen, wird ein Toleranzbereich von 10 Grad bezüglich der Ausrichtung festgelegt.

Mithilfe dieser Informationen ist es dem Benutzer möglich, sich der Haltestelle nach dem **Wünschelrutenprinzip** zu nähern und sich zumindest in begrenztem Maße zur Haltestelle führen zu lassen.

6.5 Weitere Funktionen

6.5.1 Kontakte

Abbildung 39: Kontaktmenü

Im Laufe der initialen Gruppenbefragungen stellte sich heraus, dass blinde und sehbehinderte Menschen an größeren Bahnhöfen häufig die angebotenen Hilfeleistungen in Anspruch nehmen. Die Deutsche Bahn bietet Fahrgästen beispielsweise an, über ihre Mobilitätsservice-Zentrale eine Hilfeleistung anzumelden. Dabei muss der Reisende einige persönliche Daten, sowie den Abfahrts- und Ankunftsbahnhof angeben. Die Deutsche Bahn stellt daraufhin Begleitpersonen zur Verfügung, die den Fahrgast zum Zug begleiten, diesen an seinem Zielbahnhof empfangen und ihm während des Bahnhofsaufenthalts zur Seite stehen. Weitere während der Befragungen häufig angesprochene Kontaktstellen waren die Bahnhofsmission und die Service Punkte der Deutschen Bahn.

Solche Hilfsangebote sind vor allem dann von großem Nutzen, wenn sich die sehbehinderte Person auf dem Bahnhof nicht auskennt. Zwar ist eine Vielzahl von Bahnhöfen bereits mit infrastrukturgebundenen Maßnahmen zur Barrierefreiheit ausgestattet, dennoch gestalten sich viele vermeintlich einfache Vorgänge, z. B. Umstiege, für die Zielgruppe als äußerst zeitaufwändig und anstrengend, wenn sie keine Kenntnis der Umgebung besitzen bzw. nicht auf Hilfeleistungen zurückgreifen können.

Um Hilfsangebote zu nutzen, muss den Benutzern bekannt sein, welche Angebote ihnen vor Ort zur Verfügung stehen und wie sie diese anfordern können. Zu diesem Zweck wurde in Zusammenarbeit mit der Testgruppe beschlossen, die **Kontaktfunktion** mit in die App Sinn² aufzunehmen. Dabei können vom Anbieter im Speicher der

App Kontaktdaten zu den verfügbaren Hilfsangeboten hinterlegt werden. In der Pilotversion wurden hierzu die in **Abbildung 39** gezeigten Kontakte in Form von Weblinks und Telefonnummern hinterlegt.

In Rücksprache mit der Testgruppe wurde außerdem beschlossen, den Kontakt zur Taxizentrale Stuttgart einzufügen. Die Möglichkeit, sich von einem Taxi mit ortskundigem Fahrer abholen zu lassen, wird von der Zielgruppe geschätzt. Taxis werden insbesondere dann genutzt, wenn gewohnte Verbindungen durch Störungen und Ausfälle plötzlich nicht mehr zur Verfügung stehen und der Ausweichverkehr auf unbekannten Strecken mit viel Aufwand oder vielen Umstiegen verbunden ist.

Wählt ein Benutzer einen Kontakt, wird aus der App heraus eine Telefonverbindung aufgebaut oder der Internet-Browser des Smartphones mit der hinterlegten URL geöffnet. Der Benutzer kann so bequem die jeweilige Hilfeleistung anfordern, ohne dabei die App schließen zu müssen.

In einer weiteren Ausbaustufe kann in der App eine überregionale Sammlung von Hilfsangeboten und Diensten hinterlegt werden, welche für die Zielgruppe von Interesse sein könnten. Mithilfe der über GPS bestimmten Position des Benutzers könnte die Liste der angezeigten Kontakte dynamisch an dessen aktuelle Position angepasst werden. Auf diese Weise würde die Kontaktliste überschaubar gehalten werden, und der Benutzer gleichzeitig auf für ihn relevante Hilfsangebote in seiner Umgebung hingewiesen werden.

Über die Schaltflächen „**Feedback eMail**" und „**Feedback SMS**" können Tester Feedback an das Projektkonsortium senden. Das auf diesem Weg erhaltene Feedback wurde während der Testphase gesammelt, ausgewertet und zur weiteren Verbesserung der Sinn² App herangezogen.

6.5.2 Optionen

Als letzter über die **Tableiste** direkt anwählbarer Bereich ist das Optionsmenü der App Sinn² hinterlegt. Hier können Filteroptionen festgelegt und generelle Einstellungen bezüglich der App selbst vorgenommen werden. Durch die Platzierung des Optionsmenüs in der **Tableiste** ist dieses jederzeit erreichbar ohne bereits vorhandene Eingaben im Bereich der Fahrgastinformation zu verlieren. Dadurch können beispielsweise vor einer Anfrage noch kurz Filteroptionen angepasst werden, ohne die Verbindungsplanung von vorne beginnen zu müssen.

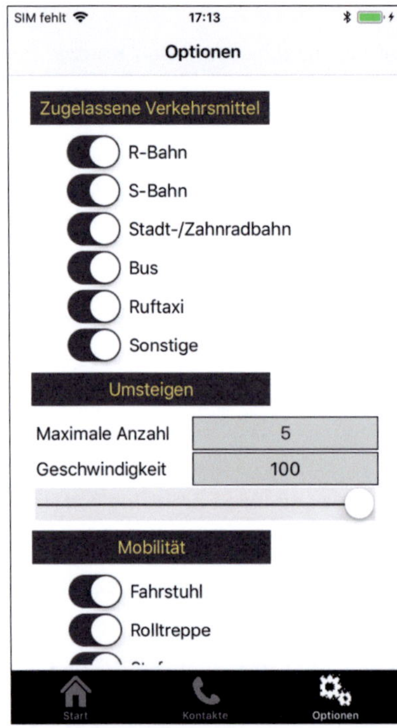

Abbildung 40: Optionsmenü

Im ersten Abschnitt des Optionsmenüs, kann der Benutzer Filterregeln festlegen, welche bei Anfragen an den Server beachtet werden sollen. Dazu gehört das Festlegen unerwünschter Verkehrsmittel, von Grenzwerten für Umstiege sowie Voraussetzungen an die Infrastruktur von Haltestellen. Dabei wurden häufiger geänderte Optionen weiter oben im Optionsmenü platziert. Auf diese Weise können diese schneller über das sequentielle Auswählen durch den Screen-Reader erreicht werden.

Im Bereich **Zugelassene Verkehrsmittel**, können verschiedene Verkehrsmittel über eine Reihe von An-Aus Schaltern von Anfragen ausgeschlossen werden. Dieser Abschnitt ist ein gutes Beispiel für die in 6.2.5 und 6.2.6 angesprochenen Themen. Üblicherweise werden bei dieser Art von Schaltern von Screen-Readern lediglich die Schalterart und deren Zustand wiedergegeben. Ohne Kontext ist der Schalter schwer einer Funktion zuzuordnen. Daher wurde auch hier im Quellcode der App hinterlegt, dass die rechts von ihm befindliche Beschreibung der Funktion bereits mit vorgelesen wird. Hierdurch wird jedoch das Vorlesen der Beschreibung selbst überflüssig, weshalb diese Elemente für den Screen-Reader inaktiv geschaltet wurden.

Unter dem Punkt **Umsteigen** kann der Benutzer die maximale Anzahl der zugelassenen Umstiege für eine Verbindung festlegen. Über das Auswahlfeld **Maximale Anzahl** wird ein Menü aufgerufen indem der Benutzer diese auswählen kann. Hierbei wurde von der Testgruppe angemerkt, dass darauf geachtet werden sollte, den maximal einstellbaren Wert hoch genug zu wählen, da im Zweifelsfall lieber zu viele als zu wenige Verbindungen angezeigt werden sollten.

Die minimale Dauer für Umstiege wird bei Anfragen durch eine Geschwindigkeitsangabe in Prozent festgelegt. Da Sehbehinderungen in Art und Ausmaß sehr unterschiedlich ausfallen können und sich die Mobilität der betroffenen Personen nicht nur deshalb individuell unterschiedlich gestaltet, besteht bei der App Sinn² die Möglichkeit diese Geschwindigkeitsangabe sehr individuell einzustellen. Aus diesem Grund wurde als Eingabemethode ein Schieber gewählt, der die Werte 1 bis 100 Prozent abdeckt. 100 Prozent entsprechen dabei der Umsteigegeschwindigkeit einer nicht eingeschränkten Person.

Der Bereich **Mobilität** bietet eine Reihe von An-Aus Schaltern, mit deren Hilfe der Benutzer angeben kann, ob er in der Lage ist Stufen, Rolltreppen oder Fahrstühle zu benutzen. Diese Option richtet sich besonders an in ihrer Mobilität eingeschränkte Personen, die so Haltestellen von der Verbindungsplanung ausschließen können, die nur über diese Zugangsarten erreichbar sind. Dabei wird vorausgesetzt, dass diese Informationen über die Infrastruktur dem Server bei der Planung einer Verbindung vorliegen.

Zusätzlich zu diesen Filteroptionen kann im Optionsmenü der in 6.4.3 vorgestellte Kompaktmodus zur Verbindungsplanung aktiviert werden. Dies geschieht ebenfalls über einen einfach zu bedienenden An-Aus Schalter.

Als letzter Punkt wird dem Benutzer unter dem Punkt **Farbverwaltung** die Möglichkeit geboten, zwischen den in **Abbildung 40** dargestellten, vordefinierten Farbschemata für die Benutzeroberfläche zu wählen. Wie die Farbschemata gewählt wurden und welche Bedingungen diese erfüllen müssen, wurde unter 6.3.6 beschrieben.

7 Studiendesign und Projektverlauf

7.1 Partizipatives Forschungsdesign

Für den sozialwissenschaftlichen Teil des Sinn²-Projekts wurde ein partizipatives Forschungsdesign entwickelt. Forschungsmethodologisch wurde ein Ansatz der *„Triangulation between methods"* (vgl. Denzin/Lincoln 2011) verfolgt, um das Vorhaben in seiner Tiefe und Breite zu erfassen und bereits während der Entwicklungsphase möglichst generalisierbare Aussagen zu erhalten. Notwendige Daten im Hinblick auf die Nutzerinnen und Nutzer wurden mithilfe eines qualitativen Studiendesigns erhoben. Im Wesentlichen kamen dabei Interviewtechniken, Gruppendiskussionen mit Fokusgruppen und die Methode der Teilnehmenden Beobachtung zum Einsatz. Ausgewertet wurde qualitativ-inhaltsanalytisch (vgl. Mayring 2003) bzw. für weiterführende Erkenntnisse in Anlehnung an die Grounded theory[1] (vgl. Strauss 1994). Um Erkenntnisse über die Usability der Sinn²-App zu generieren, kam zudem das standardisierte Erhebungsinstrument „ISONORM" im Rahmen des abschließenden Interviews zum Einsatz. Die nachfolgende Übersicht listet die sozialwissenschaftlichen Datenerhebungen des Sinn²-Projektes chronologisch auf. Zielgruppe waren stets Blinde und sehbehinderte Menschen.

Die Ergebnisse der verschiedenen Erhebungen zu den jeweiligen Themengebieten wurden kontinuierlich in den Entwicklungsprozess der Sinn²-App eingespeist. Dabei standen immer wieder die folgenden drei forschungsleitenden Fragen im Mittelpunkt:

1. Kann die Sinn²-App effizient, effektiv und zufriedenstellend von den Nutzer/innen bedient werden?
2. Wo liegen aus Usability-Sicht Schwachstellen und Stärken, die sich sowohl auf die Nutzer/innen, als auch auf die Zielsetzung der Sinn²-App auswirken?
3. Gibt es Unterschiede in den Nutzungsmöglichkeiten verschiedener Nutzer/innengruppen, die zu berücksichtigen sind?

---

[1] sozialwissenschaftlicher Ansatz zur systematischen Sammlung und Auswertung vor allem qualitativer Daten (Interviews, Beobachtungsprotokolle, etc.) mit dem Ziel der Theoriegenerierung.

Im Folgenden werden die sozialwissenschaftlichen Forschungsmethoden sowie das konkrete Vorgehen zur Datengewinnung im Sinn²-Projekt dargestellt.

Erhebung	Teilnehmer/innen Dauer	Zeitpunkt	Inhalt
Telefoninterview t1	n=9 ca. 1h	08/2016	• Orientierung im ÖPNV • Handynutzung
Gruppendiskussionen	n=8 ca. 2h	05/2016	Gestaltung der Sinn²-App im Hinblick auf • Funktionen • Menüstruktur • Guiding • Technische Umsetzung
	n=4 ca.2 h	10/2016	
	n=2 ca. 2h	11/2016	
	n=3 ca. 2h	11/2016	
	n=4 ca. 2h	01/2017	
Telefoninterview t2	n=8 ca. 10min	05/2017-06/2017	• Nutzung des ÖPNV • Testumsetzung Sinn²-App
Teilnehmende Beobachtung	n=8 ca. 2h	09/2017-11/2017	• Einsatz und Praktikabilität Sinn²-App • Technische Stabilität Sinn²-App
Telefoninterview t3	n=8 ca. 20min	10/2017-11/2017	• Usability Sinn²-App • Abschlussevaluation

Abbildung 41: Terminübersicht Datengewinnung

7.2 Gruppendiskussionen

Die **Gruppendiskussion** ist eine Methode der Sozialforschung, bei der mehrere Personen gemeinsam an einem moderierten Diskurs zu einem bestimmten Thema teilnehmen. Gegenstand sind dabei die kollektiven Äußerungen der Gruppe mit dem Ziel der Generierung von Informationen und Erkenntnissen inhaltlicher Art unter Nutzung der Gruppendynamik (ermittelnde Gruppendiskussion) (vgl. Kutscher 2003, S. 385). Die Methode der Gruppendiskussion ist auch in der qualitativen Marktforschung eine verbreitete Technik, mit der beispielsweise Erkenntnisse zur Usability (Nutzerfreundlichkeit) generiert werden können (vgl. Kuß et. al. 2014, S. 54). Es geht darum, über den gruppendynamischen Prozess die Auskunftsbereitschaft und das Engagement der Teilnehmenden positiv zu beeinflussen (vgl. Schulz 2012, S. 13), weshalb sich dieses Erhebungsinstrument besonders zur Sammlung forschungsrelevanter Informationen und Daten eignet (vgl. Lamnek 2010, S. 375). Der Nutzen besteht im Besonderen darin, dass der kollektive Wissensbestand der Gruppe genutzt werden kann, welcher meist leistungsstärker ist als das in Einzelgesprächen geteilte Wissen. Durch spontane Beiträge im Kollektiv werden neue Denkanstöße gegeben, die wohlmöglich in einer Einzelsituation verborgen geblieben wären (vgl. Schulz 2012, S. 12). So eignen sich Gruppendiskussionen besonders gut, um zu einem bestimmten Thema ein möglichst breites Spektrum an Meinungen und Erfahrungen zu sammeln, die durch die Gruppe nochmals reflektiert und kommentiert werden.

Im Sinn²-Projekt wurde die Methode der Gruppendiskussion dazu eingesetzt, die potentiellen Nutzer/innen der Zwei-Sinne-Fahrgastinformation in den Entwicklungsprozess der Sinn²-App einzubeziehen, um Meinungen, Wünsche, Bedürfnisse, Optimierungsvorschläge und Ideen zur (Weiter-)Entwicklung einzufangen. In den Diskussionen kam es zu einer vielschichtigen Auseinandersetzung mit der Sinn²-App: Persönliche Präferenzen, Vorstellungen, Erfahrungen und Wünsche an eine barrierefreie Fahrgastinformation haben einen hohen Komplexitätsgrad und eignen sich daher in besonderem Maße dafür, durch ein Kollektiv der Akteure untersucht zu werden.

Relevante Fragestellungen waren dabei:

- ✓ Wird die App von den Nutzer/innen verstanden?
- ✓ Wie würden die Nutzer die App bzw. einzelne Funktionalitäten gestalten?

✓ Wie lassen sich bereits bestehende Funktionen und Features der App optimieren?

✓ Wie kann man neue, innovative Konzepte oder Features nutzergerecht umsetzen?

✓ Welche Features sind technisch umsetzbar, welche nicht?

✓ Welche Inhalte, Funktionen und Services könnte man zusätzlich noch anbieten? (Ideengewinnung)

An den Fokusgruppen im Sinn²-Projekt nahmen zwischen zwei und acht Personen teil. Insgesamt beteiligten sich 13 verschiedene blinde und sehbehinderte Menschen in unterschiedlichen Konstellationen aus dem Pool der beteiligten Zielgruppe an den Gruppendiskussionen. Die Treffen wurden im monatlichen Newsletter angekündigt, die Anmeldung erfolgte per Mail. Dafür musste zunächst der Termin mit den Teilnehmenden abgestimmt, ein geeigneter Raum und die benötigten technischen Hilfsmittel organisiert sowie der Ablauf inhaltlich im Konsortium abgestimmt werden. Die Berücksichtigung der besonderen Bedürfnisse der Zielgruppe im Sinne einer adäquaten Anleitung und Unterstützung bei der An- und Abreise mit den öffentlichen Verkehrsmitteln und während des Treffens waren dabei zentral. Die Ergebnisse der Fokusgruppe wurden im Rahmen eines Auswertungsgesprächs im Konsortium gesichert und reflektiert.

Der bestehende Status Quo des App-Prototyps wurde in den nachfolgenden Treffen jeweils auf Basis der vorangegangenen Testrunde vorgestellt. Dabei ging es vor allem um die Funktionen, die Benutzerfreundlichkeit unter den speziellen Bedürfnissen der Zielgruppe und das damit verbundene Layout bzw. die Benutzeroberfläche. Nach jedem Treffen fand ein Auswertungsgespräch zwischen den Projektpartnern statt, um die neuen Erkenntnisse gemeinsam zu diskutieren und zu reflektieren. Diese Treffen wurden durch einen abschließenden Termin mit allen Mitgliedern der Fokusgruppe abgerundet. Dabei wurde der anhand der Ergebnisse aller vorhergehenden Testrunden angepasste Prototyp vorgestellt. Der Schwerpunkt lag dabei auf der Menüführung und den Funktionalitäten der App. Die zusätzlich von der Fokusgruppe gewünschten Funktionalitäten wurden anschließend auf die Umsetzbarkeit und den geschätzten Aufwand hin geprüft und – soweit im Rahmen des Projekts umsetzbar – für die Erstellung der Pilotversion eingeplant.

Die Gruppendiskussionen führten sowohl bei den potentiellen Nutzer/innen, als auch bei den Entwicklern zu tieferen Einsichten. So halfen die gewonnenen Erkenntnisse dabei, die Sinn²-App so gut wie möglich auf die besonderen Bedürfnisse der Nutzer/innen abzustimmen. Außerdem ergaben sich Hinweise zur Klärung von (technischen) Möglichkeiten und Grenzen bzw. für Transparenz in der App-Planung und Entwicklung. Rückblickend war dieses Vorgehen ein unverzichtbares Beteiligungsinstrument innerhalb des Entwicklungsprozesses, das als Ideenworkshop und als Ergänzungsmethode während der Anforderungsanalyse diente. Die Erkenntnisse der verschiedenen Termine wurden so sukzessive in den Prototypen eingespeist und gleichzeitig in einem zirkulären Prozess durch die Gruppe neu bewertet und überprüft. Aufgrund des Prozess- und Werkstattcharakters der Gruppendiskussionen erfolgt an dieser Stelle keine Auswertung aller Diskussionsinhalte. In Kapitel 6 ist ersichtlich, welche der Diskussionsergebnisse aus welchem Grund in den Funktionsumfang und das Design der Sinn² App eingeflossen sind.

Nach der Fertigstellung der Pilotversion fand am 14.08.2017 die Auftaktveranstaltung der Testphase statt. In der Veranstaltung, an der acht Personen teilnahmen, konnte die App auf die mobilen Endgeräte der Testpersonen installiert und von ihnen genutzt werden. Mit dem gemeinsamen Termin startete offiziell die Testphase und die Zielgruppe begann, die Sinn²-App im Alltag einzusetzen. Das in der Alltagsnutzung entstehende Feedback wurde durch das Ticketsystem sowie durch die teilnehmende Beobachtung und das Telefoninterview gesammelt und ausgewertet.

Ablauf Praxistest ab Fertigstellung des Prototypen

Abbildung 42: Ablaufplanung des Praxistests

7.3   Telefoninterviews

Mit der Durchführung von teilstandardisierten **Telefoninterviews** zu drei verschiedenen Erhebungszeitpunkten während der Entwicklungs- und Testphase sollten zum einen für die Entwicklung relevante Informationen zu allgemeinen Gewohnheiten und Bedürfnissen der Proband/innen erhoben und zum anderen der Umgang mit und die Praktikabilität der Sinn²-App beobachtet und analysiert werden. Zu Beginn des Projekts wurden die Anforderungen an eine App zur barrierefreien und echtzeitfähigen Fahrgastinformation ermittelt. Dazu fanden leitfadengestützte, problemzentrierte, telefonische Tiefeninterviews mit Repräsentant/innen der Zielgruppe statt. Tiefeninterviews sind geeignet, *„Bedeutungsstrukturierungen zu ermitteln, die dem Befragten möglicherweise selber nicht bewusst sind"* (Lamnek 2005, S. 371f). Dadurch kann der spezifische Bedarf der jeweiligen Zielgruppe in Bezug auf ein vorgegebenes Thema sehr genau rekonstruiert werden. Ziel ist die Erhebung von Daten über den Einsatz, den Umgang und die Praktikabilität der Sinn²-App. Die Analyse des Umgangs der Nutzer/innen mit dem Produkt dient vor allem dazu, deren Vorgehen und Beurteilung mit den ursprünglichen Intentionen der Neuentwicklung abzugleichen. Neben der Erfolgsmessung können eventuelle technische Schwächen oder gestalterische Barrieren identifiziert werden. Neben einer objektiven, funktionalen **Stärken-Schwächenanalyse** können zudem Optimierungspotenziale aufgedeckt werden, die u.U. auf subjektiv wechselnden Nutzerbedürfnissen beruhen.

Die forschungsleitenden Fragestellungen bei den Telefoninterviews variierten je nach Projektphase und den jeweiligen Informationsbedürfnissen der Entwickler/innen.

Im Rahmen der explorativen Anfangsphase des Sinn²-Projektes wurde eine umfassende **Recherche** bezüglich der speziellen Bedürfnisse der Zielgruppe durchgeführt. Dabei ging es beispielsweise um Projekte mit ähnlichen Inhalten, die bisher auf dem Markt verfügbaren Apps oder technische Hilfsmittel für blinde und sehbehinderte Menschen. Hierbei wurde ein möglichst großes Spektrum an Quellen zu Hilfe gezogen, bestehend unter anderem aus Fachliteratur, sich mit der Thematik befassende Foren und Diskussionsplattformen im Internet sowie dem direkten Austausch von Erfahrungen mit Studierenden. Im Anschluss fand ein erstes **Telefoninterview t1 mit der Zielgruppe** statt, um deren bisherigen Erfahrungen mit und ihre Bedürfnisse an die bisher verfügbaren Hilfsmittel abzufragen. Dabei sollten für die App-Entwicklung relevante Erkenntnisse aus erster Hand generiert werden, um die Ergebnisse der Recherche zu erweitern.

- ✓ Wie finden Sie sich im öffentlichen Nahverkehr zurecht?
- ✓ Wie planen Sie ihre Routen?
- ✓ Welches Handymodell benutzen Sie und gibt es einen speziellen Grund für diese Marke?

Nach der Entwicklung und Abstimmung des Interviewleitfadens fanden nach Anfrage bei allen Proband/innen neun individuell vereinbarte Telefoninterviews á 60 Minuten statt. Den Teilnehmenden wurden die Fragen auf Wunsch vorab zugesendet, damit diese sich inhaltlich auf das Gespräch vorbereiten konnten. Im Anschluss wurden die Gespräche transkribiert und im Rahmen der systematischen Inhaltsanalyse anhand eines Kategoriensystems ausgewertet. Die Ergebnisse wurden durch das Institut für angewandte Sozialwissenschaften Stuttgart zusammengeführt und im Forschungs-konsortium vorgestellt. Eine Auswertung der Ergebnisse liegt in Kapitel 8 vor.

Nach den Gruppendiskussionen fand zwischen Mai 2017 und Juni 2017 ein zweites **Telefoninterview t2** statt. Die Kontaktaufnahme erfolgte dabei wieder über E-Mail nachdem die Interviews im Newsletter angekündigt worden sind. Inhaltlich zielte diese Befragung auf das Nutzungsverhalten der öffentlichen Verkehrsmittel der Proband/in-nen ab:

- ✓ Wie regelmäßig nutzen die Proband/innen öffentliche Verkehrsmittel?
- ✓ Wie bekannt sind ihnen die zurückgelegten Strecken?
- ✓ Nach welchen Kriterien planen sie ihre Routen?
- ✓ Welche Programme/Apps nutzen sie bei der Routenplanung?
- ✓ Welche Erwartungen haben die Proband/innen an die Sinn^2-App?
- ✓ Inwiefern sind die Proband/innen bereit, an der Testung teilzunehmen?

Die Gespräche dauerten ca. 10 Minuten, acht Proband/innen nahmen daran teil. Nach-dem die Telefoninterviews mit den Proband/innen zur Nutzung des öffentlichen Nah-verkehrs, anderer Navigationsapps und ihrer Bereitschaft, an der Testung der Sinn^2-

App im Juli 2017 abgeschlossen wurden, erfolgte die Auswertung und interne Weitergabe der Daten. Die Auswertung erfolgte inhaltsanalytisch entlang der im Interviewleitfaden inhärenten Kategorien. Die Auswertung der Daten wird in Kapitel 8 behandelt.

Bei der letzten **telefonischen Befragung t3** handelte es sich um eine **standardisiere Usability-Testung** in Anlehnung an das Instrument „**Isonsorm 9241/10**", mit dessen Hilfe eine Beurteilung von Software auf Grundlage der internationalen Norm DIN EN ISO 9241-110 ermöglicht wird. Das Ziel einer solchen Beurteilung ist die Identifikation möglicher Schwachstellen und eine Entwicklung konkreter Verbesserungsvorschläge. Die Norm regelt die Grundsätze der Dialoggestaltung, welche grundlegend für eine benutzerfreundliche Anwendung von Softwareprodukten sind. Dabei wird Usability (Gebrauchstauglichkeit) durch die folgenden Parameter operationalisiert (vgl. ISO-NORM):

- ✓ **Aufgabenangemessenheit**: Unterstützt die App die Erledigung der Aufgaben, ohne die Benutzer/innen unnötig zu belasten?

- ✓ **Selbstbeschreibungsfähigkeit**: Gibt die App genügend Erläuterungen und ist sie in ausreichendem Maße verständlich?

- ✓ **Steuerbarkeit**: Können Benutzer/innen die Art und Weise, wie sie mit der App arbeiten, beeinflussen?

- ✓ **Erwartungskonformität:** Kommt die App durch eine einheitliche und verständliche Gestaltung den Erwartungen und Gewohnheiten entgegen?

- ✓ **Fehlertoleranz:** Bietet die App die Möglichkeit, trotz fehlerhafter Eingaben das beabsichtigte Arbeitsergebnis ohne oder mit geringem Korrekturaufwand zu erreichen?

- ✓ **Individualisierbarkeit:** Können die Benutzer/innen die App ohne großen Aufwand auf ihre individuellen Bedürfnisse und Anforderungen anpassen?

- ✓ **Lernförderlichkeit**: Ist die App so gestaltet, dass sich die Nutzer/innen ohne großen Aufwand einarbeiten können?

Im Rahmen des ISONORM-Fragebogens wurde jeder der sieben Gestaltungsgrundsätze in fünf Einzelfragen operationalisiert. Er besteht somit aus insgesamt 35 Fragen. Für die Antwort wird jeweils eine **vierstufige Likert-Skala** mit „trifft voll zu", „trifft eher zu", „trifft eher nicht zu", „trifft nicht zu" eingesetzt. Der/die Befragte ist somit bei jeder Frage dazu angehalten, eine Tendenz ins Positive oder ins Negative anzugeben. Die Telefoninterviews dauerten ca. 15 min. Acht Testpersonen nahmen an der Befragung teil (n=8). Dabei las die Interviewende den Proband/innen die Fragen vor und kreuzte die Antworten entsprechend an. Die Auswertung erfolgte mithilfe des Statistikprogramms SPSS.

7.4 Teilnehmende Beobachtungen

Im Rahmen der Testung der Pilotversion der Sinn²-App fand eine teilnehmende Beobachtung während des konkreten App-Einsatzes der Proband/innen im öffentlichen Nahverkehr des Verkehrsverbundes Stuttgart (VVS) statt. Diese qualitative Methode der Sozialforschung eignet sich besonders dafür, die individuelle Nutzungsweise der App und das damit verbundene Routinehandeln bzw. die Anwendbarkeit abzubilden. Zudem können bei diesem Einsatz unter Echtzeitbedingungen ggf. Schwachstellen und technische Defizite sichtbar werden. Ein besonderer Fokus liegt dabei auch im Anwendungskontext und den Umweltfaktoren, die Auswirkungen auf die Einsetzbarkeit der App und ihre Reichweite haben. Die Methode der teilnehmenden Beobachtung kann entlang von **vier Dimensionen** näher eingeordnet werden (vgl. Bortz/Döring, 1995, S. 245).

<u>Offenheit und Transparenz</u>: Die teilnehmende Beobachtung im Rahmen der Testphase fand **offen** statt, das heißt, die Testpersonen wussten, dass sie in der konkreten Situation beobachtet werden (im Gegensatz zur verdeckten Beobachtung). Dabei war ihnen auch der Gegenstand der Beobachtung bewusst. Im Wesentlichen ging es darum, die folgenden Punkte zu testen:

- **Praktikabilität der App** (Zuverlässigkeit im Sinne der technischen und inhaltlichen Stabilität, Nutzerfreundlichkeit)

- **Sammeln objektiver Eindrücke** (Beobachter) und subjektiver Eindrücke (Testperson), um Erkenntnisse für die weitere App-Entwicklung und -ausgestaltung zu generieren

- **die Gesamtheit der Aktionen und Reaktionen** eines Menschen, insbesondere die Interaktion zwischen diesem, der Technik und der Umwelt

Teilnahme des Beobachters: Dabei nahm die Forschende **aktiv** am Geschehen teil, indem sie den Test anleitete und die Testpersonen bezüglich des genauen Ablaufs, dem Zeitrahmen, den Rollen der Proband/innen und der Beobachtenden, dem Erkenntnisinteresse etc. entsprechend einwies und am Ende der Beobachtung ein Nachgespräch führte. Die Beobachtende begleitete die Testpersonen bei ihrer Reise durch den öffentlichen Verkehr und gab dabei die Reiserouten vor, die aufgrund der eingesetzten Verkehrsmittel und der jeweiligen Umsteigeorte von besonderem Interesse waren. Bei der Gestaltung der Routen wurde darauf geachtet, dass mehrere Umstiege benötigt wurden, um das Ziel zu erreichen. Zudem wurden bei jeder Testung mindestens zwei verschiedene Verkehrsmittel (Bus, S-Bahn, U-Bahn, Seilbahn, Zahnradbahn) eingebunden, um mögliche Spezifika und Umweltfaktoren berücksichtigen zu können. Dazu gehörte auch eine Varianz in den Tageszeiten, an denen die App getestet wurde, um mögliche Unterschiede bei erhöhtem Verkehrsaufkommen während der Stoßzeiten abbilden zu können. Die Rolle des Beobachtenden bestand zudem darin, die zu erhebenden Parameter während der Testung einzuschätzen und zu dokumentieren. Zudem generierte die Forschende aus den entstehenden Situationen während der Beobachtung Fragen an die Testperson. Die forscherische Herausforderung besteht bei dieser Erhebungsmethode darin, dass die Beobachtende einerseits in das Geschehen eingebunden ist, andererseits den natürlichen Ablauf jedoch so wenig wie möglich verändert (vgl. Bortz/ Döring, 1995, S. 240f.). Durch die phasenweise aktive Beteiligung der Beobachtenden ist die sonst für Erhebungssituationen übliche strikte Subjekt-Objekt-Trennung aufgehoben.

Natürliche Beobachtungssituation: Die Beobachtungssituation während der App-Testung ist grundsätzlich als natürlich zu charakterisieren. Die Testpersonen reisen während der Testung mit Hilfe der öffentlichen Verkehrsmittel innerhalb des VVS/SSB Verbunds, was eine alltägliche Situation für sie darstellt. Die Neuerung bzw. Herausforderung besteht darin, dass die Testpersonen dabei die Sinn²-App verwenden und z.T. Routen aus Fallstudien vorgegeben bekommen, die sie möglicherweise nicht kennen.

Halbstandardisierte Beobachtung: Die Beobachtung fand anhand eines Beobachtungsleitfadens statt. Dieser gewährleistet, dass alle relevanten Beobachtungsebenen berücksichtigt werden. Dennoch bietet dieser Leitfaden genug Möglichkeiten für das

Protokollieren von Beobachtungen über diese Punkte hinaus, wenn diese im Rahmen des Erkenntnisgewinns als wichtig erachtet werden (offene Beobachtungskategorien und/oder Fragestellungen als Hilfestellungen für den Beobachter). Das Beobachtete wird bereits während der Testung so gut wie möglich schriftlich protokolliert, um Gedächtnislücken zu vermeiden. Auch wenn ein solches Vorgehen forschungsmethodisch kritisch diskutiert wird (vgl. Bortz/Döring, 1995, S. 240f.), wurde es innerhalb der $Sinn^2$-Testung als praktikabel erachtet, da es die Situation nicht verändert (Blinde Testpersonen/Leerzeiten während der Fahrt). Die Eindrücke werden der Testperson in einem Nachgespräch gespiegelt, um Fehlinterpretationen zu vermeiden und weitere Einschätzungen und Informationen zu gewinnen. Der Beobachtungsleitfaden diente somit der Dokumentation der Testung im Hinblick auf den genauen Ablauf (wann wird wo mit wem die Testung durchgeführt/auf welche Roten wird mit welchen Verkehrsmitteln gefahren?), der Dokumentation der Beobachtungen (was wird beobachtet?) und als Grundlage für die gemeinsame Evaluation der Beobachtung. Wesentliche Kategorien des Beobachtungsbogens sind dabei:

- **Ablaufdokumentation** (Routen/Verkehrsmittel/Dauer)

- **Beobachtungsdokumentation**: Lösen der Kernaufgaben, Einsatz der Funktionen, Guiding, Umweltfaktoren, Stärken der App, Schwächen der App, individuelle Nutzungsmerkmale und Einstellungen

- **Evaluation**

Der Aufbau der teilnehmenden Beobachtung umfasste somit verschiedene Phasen:

Phase 1: Treffen bzw. Abholen der Proband/innen unter Berücksichtigung ihrer Bedürfnisse, Vorgespräch, Erklären der Testung.

Phase 2: Angeleitete Testung der App anhand der verschiedenen Dimensionen und unter Nutzung der verschiedenen Funktionen.

Phase 3: Abschluss und Evaluationsgespräch, Begleitung der Testpersonen zu einem bekannten Ort.

Innerhalb des Testzeitraumes fanden acht teilnehmende Beobachtungen bzw. Echtzeittests statt. Diese dauerten zwischen zwei und drei Stunden. Dabei fielen in etwa

30-45 min auf die erste Phase, in der zunächst die bisherigen Erfahrungen der Tester/innen mit der App besprochen und etwaige Fragen zur Handhabung geklärt wurden. Dabei wurden zudem soziodemographische Daten erhoben und die individuellen App-Einstellungen bzw. Nutzungsgewohnheiten besprochen. Die Testfahrt dauerte demnach ca. 90-120 min – je nach Verkehrsaufkommen und individuellem Zeitfenster der Proband/innen. Das Abschlussgespräch dauerte ca. 10 min. Als Aufwandentschädigung erhielten alle Testpersonen einen Gutschein einer Drogeriemarktkette.

8 Auswertung der Ergebnisse

8.1 Auswertung Entwicklung

8.1.1 Umfang der Auswertung

An den Erhebungen in der Entwicklungsphase waren alle Proband/innen beteiligt. Sie konnten sich an den zwei Telefoninterviews und den Gruppendiskussionen einbringen, um so ihre Erwartungen und Anforderungen an einer barrierefreien Zwei-Sinne Fahrgastapp zu teilen. Für die Entwickler/innen waren zudem allgemeine Informationen über die Nutzungsgewohnheiten der Zielgruppe im öffentlichen Nahverkehr von Interesse. Im Folgenden werden die Ergebnisse der Telefoninterviews zu den Erhebungszeitpunkten t1 und t2 dargelegt.

8.1.2 Auswertung Telefoninterview t1-Entwicklungsphase

Im ersten Telefoninterview ging es zunächst darum zu erfahren, wie sich die Proband/innen bisher im öffentlichen Nahverkehr zurecht finden. Bereits bei dieser Frage wurde die große Heterogenität der Zielgruppe deutlich. So gab es Angaben dahingehend, dass besonders Fernzüge als favorisiertes „unkompliziertes und zuverlässiges" Verkehrsmittel über lange, auch internationale Strecken gerne und selbstständig genutzt werden. Ebenso wird von den meisten Proband/innen das örtliche ÖPNV-Netz innerhalb einer Stadt bzw. einer Region täglich genutzt. Einige Proband/innen berichteten, bei ihrer Mobilität mit öffentlichen Verkehrsmitteln stets auf andere Menschen als Begleitung angewiesen zu sein. Besonders neue, unbekannte Wege werden häufig nur mit Begleitung begangen, bis diese im Gedächtnis sind. Fremde Helfer sind dabei meistens Familienangehörige (geplant) oder kurzfristig Passanten. Bei Reisen mit der Bahn unterstützen zudem die Mitarbeitenden der Bahnhofsmission oder das Service-Personal der jeweiligen Verkehrsbetriebe.

Um sich sicher fortbewegen zu können, nutzen die meisten der Befragten die **Langstock-Technik**. Innerhalb der Anlagen des öffentlichen Verkehrs helfen ihnen akustische Informationen, wie Durchsagen oder Umgebungsgeräusche bei der Orientierung. Auch bauliche Hilfen, z. B. Blindenleitlinien, unterstützen das selbstständige Reisen. Wenn es um das Planen von Routen und das in Erfahrung bringen von Abfahrtszeiten und weiteren Reiseinformationen geht, berichten die Befragten, neben der Hilfe anderer (vorlesen der Anzeigetafeln, Auskünfte von Bahnpersonal oder Mitarbeitenden in Reisebüros) vor allem technische Hilfsmittel zu verwenden. Neben Informationen aus dem Internet, die via PC mit Braillezeile und Sprachausgabe ermittelt werden, kommt Apps mit VoiceOver-Funktion eine große Relevanz bei der Planung von Reisen zu. Dabei wird vor allem die Internetseite der Deutschen Bahn, aber auch die zur Verfügung gestellten Apps der Deutschen Bahn genutzt – auch wenn diese Anwendungen von der Zielgruppe aufgrund der vielen Links und Menüpunkte als „überladen und völlig unübersichtlich" beschreiben werden. Die fehlende Übersichtlichkeit trifft laut der Befragten auch auf die Apps der verschiedenen Nahverkehrsverbünde zu, die jedoch zur Routenplanung eingesetzt werden. Weitere gern genutzte Apps zur allgemeinen Orientierung sind die Navigationsapps **„blindsquare"**, **„aroundme"** und **„Navigon"**. Die Apps **„Abfahrtsnavigation"** und **„Abfahrtsmonitor"** bietet an die Bedürfnisse der Zielgruppe angepasste übersichtliche Informationen zu Abfahrtszeiten, die vorgelesen werden. Hierbei fehlen jedoch Störungsmeldungen und Routenplanungstools.

Auf die Frage, ob sich die Proband/innen mit diesen Informationsmethoden im öffentlichen Nahverkehr sicher fühlen, gibt es verschiedene Antworten. Diejenigen, die sich selbstständig im ÖPNV bewegen, wählen ihre Umsteigehaltestellen vor allem nach der Barrierefreiheit aus. Bevorzugt werden Unterführungen, Ampeln über Straßen ohne Signal werden hingegen eher vermieden. Diejenigen, die sich nicht selbstständig im öffentlichen Nahverkehr bewegen, gaben an, sich nur mit einer Begleitperson bzw. der Unterstützung der Bahnhofmission sicher zu fühlen.

Besonders bei Störungen und anderen Unregelmäßigkeiten kommen Auskünfte und adäquate Informationen für Blinde und Menschen mit Sehbehinderungen häufig zu spät, sodass bereits Gleiswechsel zu großen Problemen führen können. Dies ist auch die größte Hürde derjenigen, die den ÖPNV selbstständig nutzen: „Wenn es Störungen gibt, dann gibt es kaum eine schnelle und sichere Lösung", gibt ein Proband Auskunft. Hierbei ist die Zielgruppe vor allem auf rechtzeitige Durchsagen angewiesen.

Die oben genannten Apps, die auf die Bedürfnisse von Blinden und Menschen mit einer Sehbehinderung zugeschnitten sind, enthalten bisher keine Störungsmeldungen. Wenn die Proband/innen also auch über diese informiert werden möchten, müssen sie

„sich im Moment entscheiden - entweder eine übersichtliche App oder Störungsmeldungen", da dann die üblichen Apps für Sehende mit dem damit einhergehenden Aufwand herangezogen werden müssten. „Eventuell wäre dann die Bahn schon weg, bis ich die notwendigen Infos hätte." An dieser Stelle gibt es für die Zielgruppe also einen klar formulierten Bedarf an eine zielgruppenorientierte barrierefreie Fahrgastinformation. Diese sollte vor allem für das I-Phone von Apple zugeschnitten sein, da die Zielgruppe mehrheitlich dieses Fabrikat verwendet. Grund dafür ist vor allem die gut funktionierende Sprachausgabe „VoiceOver" und die allgemein übersichtliche Handhabung. Laut den Angaben der Befragten werden Android-Geräte wegen der mangelhaften Sprachausgabe von Blinden und Personen mit einer Sehbehinderung selten bis nie verwendet.

Die Angaben dieser ersten Interviewwelle waren maßgeblich für die ersten Entwicklungsschritte der Sinn²-App und gaben eine erste Richtung an. Weitere Informationen und Wünsche zum Funktionsumfang, der Menüstruktur und der Bedienung konnten in den Gruppendiskussionen erhoben werden.

8.1.3   Auswertung Telefoninterview t2-Entwicklungsphase

Nach den Gruppendiskussionen ging es im Rahmen des zweiten Telefoninterviews darum, mehr über die Nutzungsgewohnheiten der beteiligten Zielgruppe innerhalb des ÖPNV zu erfahren. Dabei wurden die folgenden Erkenntnisse gewonnen: Die Sinn²-Probanden nutzen die öffentlichen Verkehrsmittel regelmäßig, mehr als die Hälfte von ihnen sogar täglich (57,1% nutzen täglich die Verkehrsmittel des öffentlichen Nahverkehrs; 28,6% nutzen sie mehrmals der Woche; 14,3% mehrmals im Monat). Dabei legen sie überwiegend bekannte Strecken mit den öffentlichen Verkehrsmitteln zurück; der Großteil lässt sich jedoch auch auf unbekannte Strecken ein (28,6% fahren ausschließlich bekannte Strecken, 71,4% zwar überwiegend bekannte Strecken, jedoch auch unbekannte). Über die Hälfte der interviewten Sinn²-Probanden gibt an, kein bestimmtes Verkehrsmittel (S-Bahn, Bus, U-Bahn etc.) zu favorisieren (42,9% favorisieren ein bestimmtes Verkehrsmittel; 57,1% nicht).

Dahingegen gibt die große Mehrheit der Sinn²-Probanden an, gewisse Haltestellen für ihre Umstiege zu favorisieren (85,7% hat favorisierte Umsteigehaltestellen, bei 14,3%

ist dies nicht der Fall). Die Befragten planen ihren Streckenverlauf mit den öffentlichen Verkehrsmitteln am häufigsten von zu Hause aus. Dabei nutzen sie je nach Vorliebe ihren Computer oder das Smartphone. Bei regelmäßigen Fahrtstrecken wissen sie die Abfahrtszeiten auch auswendig. Lediglich einer der Befragten gab an, Strecken auch flexibel von unterwegs zu planen. Die beliebtesten Tools zur Streckenplanung in der Zielgruppe waren die VVS-App bzw. Webseite und die DB Navigator-App bzw. Webseite (jeweils 6 Nennungen). Zudem wird noch der Abfahrtsmonitor sowie die barrierefreie Auskunft genutzt. Als Stärken dieser Apps nennen sie vor allem, dass sie mit VoiceOver bedienbar sind, eine gute Struktur und Übersichtlichkeit bieten und aktuell sind. Funktionen, wie das Abspeichern von Favoriten oder das Empfangen von Störungsmeldungen sowie einen schnellen Zugang zum Fahrplan schätzen sie dabei besonders.

Grundsätzlich wird hervorgehoben, dass Apps den großen Vorteil bieten, die benötigten Informationen mit dem Smartphone immer griffbereit zu haben. Allgemeine Schwierigkeiten in der Handhabung von Apps sind für die Zielgruppe eine mangelnde Barrierefreiheit in der Bedienung, Unübersichtlichkeit, keine Echtzeitauskunft innerhalb des Stadtverkehrs bzw. wenn die Live-Auskunft nicht aktuell genug und störanfällig ist sowie fehlende Filtermöglichkeiten bezüglich favorisierter Verkehrsmittel.

Dennoch erwähnen die Befragten trotz funktionierender VoiceOver-Funktion die Schwierigkeit, die App aufgrund des Geräuschpegels unterwegs zu bedienen. Zudem ist die Bedienung von Apps für Blinde und Menschen mit einer Sehbehinderung häufig sehr zeitraubend, da Angaben auf den Buchstaben genau eingegeben werden müssen und Eingabefehler u.U. viel Zeit kosten. Sie formulieren daher als essentielle Anforderungen an die Sinn²-App, dass die VoiceOver-Funktion unbedingt funktionstüchtig ist und die Menüarchitektur so übersichtlich wie möglich gestaltet wird, damit die App auch gut unterwegs bedient werden kann. Im Hinblick auf die Funktionen wünschen sie sich insbesondere Filter- und Einstellfunktionen zu verschiedenen Verkehrsmitteln im Fern-und Nahverkehr, eine zuverlässige Anzeige von Verspätungen und eine aktuelle Liveauskunft. Dazu gehören beispielsweise Informationen darüber, ob das jeweilige Verkehrsmittel gerade kommt (z. B. bei Bahnhöfen ohne Durchsagen: mein Zug vs. verspäteter Zug) oder bei Verspätungen alternative Routen vorgeschlagen werden. Zudem äußerten die befragten Proband/innen, dass sie zusätzliche Informationen zu

Haltestellen und ihrer Barrierefreiheit begrüßen würden, wie beispielsweise die Gehrichtung zu den nächstgelegenen Haltestellen an fremden Orten o.Ä. Alle befragten Proband/innen äußerten in dieser Befragung zusätzlich, dass sie an der geplanten App-Testung teilnehmen möchten.

8.2 Auswertung Testphase

8.2.1 Umfang der Auswertung

Insgesamt nahmen an der Sinn²-App-Testung acht Probanden teil. Sie erklärten sich dazu bereit, die Sinn²-Pilotversion auf ihr Smartphone zu installieren und diese im Alltag zu testen. Voraussetzung dafür war, dass die Probanden sich regelmäßig innerhalb des VVS-Gebiets bewegen und ein iPhone nutzen. Während der Testung konnten die Probanden bei Bedarf über ein in die Sinn²-App integriertes Ticketsystem Kontakt zu den Entwickler/innen aufnehmen, um Lob, Kritik oder Fragen zu teilen. Außerdem gab es zu zwei Erhebungszeitpunkten Kontakt zu den Testern: im Rahmen der teilnehmenden Beobachtung und des 3. Telefoninterviews.

Die Gruppe der Tester war bis auf eine Person bereits in die Entwicklung der Sinn²-App einbezogen und bestand ausschließlich aus Männern. Dieser Umstand war der Tatsache geschuldet, dass die Testung freiwillig war und sich keine Frauen dazu bereit erklärten. Es kann jedoch davon ausgegangen werden, dass die in der Testphase ermittelten Daten auch auf potentielle weibliche Nutzerinnen übertragen werden können.

Die Tester waren zum Testzeitpunkt zwischen 28 und 75 Jahre alt. Die Teilnehmenden lassen sich in drei Alterscluster einteilen: 18-45 Jahre (zwei Probanden); 45-65 Jahre (4 Probanden) und 66-75 Jahre (2 Probanden). Im Durchschnitt beträgt das Alter der Tester 54 Jahre. Vergleicht man diese Altersverteilung mit den vorliegenden statistischen Werten im Hinblick auf die Altersverteilung von blinden bzw. sehbehinderten Menschen in Deutschland, nach der 85% der sehbehinderten Menschen in Deutschland älter als 60 Jahre sind, ist die Gruppe der Tester jünger als die bundesdeutsche Vergleichsgruppe. Innerhalb der Testgruppe sind somit drei Viertel der Teilnehmenden im erwerbsfähigen Alter – auch dieser Wert liegt im Vergleich zum Durchschnitt von 30% deutlich oberhalb des Durchschnitts (vgl. DBSVB 2017, S. 1). Dies lässt sich dadurch erklären, dass in den in Stuttgart ansässigen Vereinen, über welche die Test-gruppe akquiriert wurde, besonders Menschen im erwerbsfähigen Alter anzutreffen sind.

Sieben der acht Tester sind per Definitionem blind. Das, was die einzelnen Probanden über ihren Sehsinn wahrnehmen können, ist höchst unterschiedlich. Ihnen ist jedoch gemein, dass sie alle die Sinn²-App über ihr Gehör nutzen. Lediglich einer der Proban-den gilt als sehbehindert und konnte dieSinn²-App sowohl über sein Gehör, als auch über den verbliebenen Sehsinn bedienen. Bis auf eine Person schätzen sich alle Tes-ter erfahren im Umgang mit Apps allgemein an, einer beschreibt sich als eher unerfah-ren. Dennoch kannten alle die gängigen ÖPNV-Apps mit ihren Vor- und Nachteilen, sodass jeder der Tester auf einen gewissen Erfahrungsschatz zurückgreifen und die Sinn²-App mit seinen subjektiven Erfahrungen vergleichen konnte.

8.2.2   Teilnehmende Beobachtung

Die teilnehmenden Beobachtungen fanden zwischen dem 25.09.2017-02.11.2017 statt. Jeder Termin dauerte je nach Route und Zeitmöglichkeiten der Probanden zwi-schen 60 und 150 min, eine Testfahrt im Durchschnitt ca. 140 min. Dabei wurden die im Stadtgebiet Stuttgart vorhandenen Verkehrsmittel S-Bahn, U-Bahn, Bus, Zacke und Seilbahn innerhalb unterschiedlicher Routenkonstellationen genutzt. Um Eindrücke zu verschiedenen Tageszeiten und damit zu unterschiedlichen Frequentierungsgraden der öffentlichen Verkehrsmittel zu erhalten, fanden die Testfahrten zwischen 10:00-19.30 Uhr statt. Alle Tester hatten dabei ihr Smartphone mit Sinn²-App dabei. Sieben nutzten zusätzlich In-Ear Kopfhörer, um die VoiceOver-Funktion auch bei Umgebungs-geräuschen nutzen zu können und/oder Passanten nicht durch die Sprachausgabe zu verwirren. Sechs nutzten zudem während der Testung den Langstock, um sich unter-wegs sicher fortbewegen zu können.

Vor der Testung wurden die Einstellungen der App durch den/die Beobachter/in des Instituts für angewandte Sozialwissenschaften überprüft, damit diese innerhalb der Te-stung beachtet werden konnten. Dabei fiel auf, dass alle Tester alle möglichen Ver-kehrsmittel in ihrer Routenplanung zulassen und niemand besondere Verkehrsmittel ausschließt. Auch die standartmäßige Einstellung „**maximal fünf Umstiege**", „**Umsteigegeschwindigkeit: 100**" und „**Mobilität: alle**" war bei allen Probanden unverändert. Ebenso nutzten alle erwartungsgemäß die schwarz-weiß Einstellung in den Menüfarben, wobei dies für die sieben blinden Personen unerheblich ist. Für den einen Probanden, der die App auch über seinen Sehsinn nutzt, ist die schwarz-weiße Einstellung durch den guten Kontrast zweckmäßig. Lediglich zwei Probanden nutzten den Kompaktmodus. Routenfavoriten von regelmäßig befahrenen Strecken wurden hingegen häufig hinterlegt: die meisten speicherten hier ihre häufig genutzten Haltestellen sowie Routen – besonders die von der Arbeit nach Hause und umgekehrt. Zwischen zwei bis fünf gespeicherte Elemente konnten hier festgestellt werden, zwei der acht Probanden nutzen diese Funktion nicht.

Nach diesem Vorgespräch begann die eigentliche Testung. Dabei gab der/die Beobachter/in einen Start- und einen Zielort im Stadtgebiet Stuttgart vor, die der Tester nun durch eine Routenplanung mit der Sinn²-App mit einer favorisierten Route erreichen sollte. Wenn es sich um ein für den Tester bekanntes Terrain handelte, bewegte sich dieser selbstständig, bei unbekannten Orten wurden die Teilnehmenden von den Beobachter/innen geführt. Zu jedem Zeitpunkt gab jedoch der Tester an, wohin es gehen soll.

An bekannten Orten bzw. innerhalb bekannter Strecken bewegten sich die Teilnehmenden sicher. Um die Testung möglichst vielseitig zu gestalten, handelte es sich um Rundfahrten mit verschiedenen Verkehrsmitteln, die zuvor von den Beobachter/innen geplant worden sind. Individuelle Wünsche der Tester wurden selbstverständlich berücksichtigt. Unterwegs sollten so viele Funktionen der App wie möglich getestet werden, wobei besonders auf die Aspekte **Lösen der Kernaufgaben, Einsatz der Funktionen, Guiding, Umweltfaktoren, Stärken der App, Schwächen der App und individuelle Nutzungsmerkmale** geachtet wurde.

Spezifika: Unter dem Aspekt der Spezifika ist im Rahmen der teilnehmenden Beobachtung darauf geachtet worden, wie die Probanden die App konkret bedienen und individuell einsetzen. Hierbei ist zunächst zu erwähnen, dass die Sprachausgabe über die Apple VoiceOver-Funktion und die darauf abgestimmten Schaltflächen die Schlüsselfunktion im Hinblick auf die Barrierefreiheit der Sinn²-App ist. VoiceOver liest per

Sprachausgabe vor, was auf dem Bildschirm steht. VoiceOver liest dabei präzise und schnell jene Bereiche auf dem Bildschirm vor, über die gerade mit dem Finger gestrichen wird. Dies können beispielsweise App-Icons, Schaltflächen oder Textfelder sein.

Eine weitere Bildschirmberührung startet die Anwendung. Hierbei ist es für die Praktikabilität der Anwendung für die Zielgruppe wichtig, dass die vorgelesene Information möglichst knapp, logisch aufgebaut, aber dennoch informativ und vollständig ist. Für Sehende funktioniert die Bedienung mit ausgeschalteter VoiceOver-Funktion wie bei jeder anderen Anwendung, sodass Sinn² von Blinden, Menschen mit einer Sehbehinderung und sehenden Menschen gleichermaßen genutzt und einfach bedient werden kann. Die blinden oder sehbehinderten Nutzer/innen der Sinn²-App können die Lesegeschwindigkeit der Sprachausgabe individuell einstellen. Sie haben ein sehr geschultes Gehör, sodass sie zwischen der Verständlichkeit und der Zeitersparnis durch eine möglichst schnelle Lesegeschwindigkeit auswählen können. Wie bereits erwähnt, nutzen sie in der Öffentlichkeit häufig Ohrstöpsel, um die Sprachausgabe richtig zu verstehen und die Menschen in der Nähe nichts von der Wiedergabe hören. Die Probanden gaben zudem an, die Ohrstöpsel zu Hause eher weniger zu verwenden, da sie dort mit der Sprachausgabe niemanden stören und in der geräuscharmen Umgebung alles gut über die Lautsprecher verstehen.

Manche der Probanden nutzten unterwegs Knochenleitkopfhörer. Diese übertragen die Schallwellen unmittelbar durch den Schädelknochen an das Innenohr. Sie bieten dadurch unterwegs den Vorteil, dass es sowohl von Seiten der Sinn²-App und den daraus wiedergegebenen Informationen, als auch aus der Umgebung zu weniger Informationsverlust kommt. Für die Sicherheit und Orientierung der Zielgruppe spielt dies eine wichtige Rolle, da sie sich zu einem erheblichen Anteil über die akustischen Reize aus ihrer Umgebung orientieren. Auch der Proband mit Restsehkraft nutzte die Sprachausgabe für all jene Aufgaben, die aufgrund des Detailreichtums mit der verbleibenden Sehkraft nicht bzw. nur mühsam erkannt werden können. Um die einzelnen Menüpunkte erkennen zu können, nutzte er die Zoom-Funktion, damit die gewählten Flächen in der Vergrößerung für ihn erkennbar waren. So war die Nutzung der Sinn²-App hier durch einen situativen Mix von Seh- und Gehörsinn geprägt.

Die blinden Tester haben ihren Smartphone-Bildschirm zumeist gänzlich ausgeschaltet. Mit VoiceOver ertasten und erhören sie sich den Inhalt des Smartphone-Bildschirms durch eine Wischbewegung über die Bildschirmfläche und das entsprechende Sprachfeedback. Die Eingabe von Informationen über der I-Phone-Tastatur funktioniert auf die gleiche Weise: Mit einem Finger über die Buchstaben gleitend werden diejenigen, auf denen der Finger gerade ruht, vorgelesen. Wird dieser auf dem benötigten Buchstaben ruhende Finger vom Touchpad gelöst, wird der Buchstabe eingegeben. Diese Funktion ist bei der Start- und Zielangabe für die Bedienung der Sinn^2-App von höchster Relevanz. Einige Tester nutzten an dieser Stelle auch die Diktierfunktion, mit deren Hilfe die gesprochenen Informationen übernommen werden. Welche Variante hier bevorzugt wird ist individuell unterschiedlich. Für die Befürworter der Tastatur ist diese unter dem Aspekt des Datenschutzes angenehmer, da man unter Menschen nicht sein Start- bzw. Reiseziel einsprechen muss. Zudem ist eine gute Internetverbindung notwendig, damit die Diktierfunktion nutzbar ist. Wenn dies jedoch gegeben ist, gilt sie als zuverlässig, zeitsparend und einfach – auch bei Umgebungsgeräuschen gab es während der Testungen keine Probleme.

Guiding: Unter der Kategorie des Guidings fällt die Handhabung der Sinn^2-App durch die Zielgruppe. Hierbei wurde während der teilnehmenden Beobachtung besonders das Augenmerk daraufgelegt, ob es den Probanden gelingt, die App entsprechend zu bedienen und die gewünschten Navigations- und Menüoptionen wahrzunehmen, oder ob es Stellen gibt, an denen (einzelne) Nutzer nicht ohne Hilfe weiterkommen bzw. den Prozess sogar abbrechen.

Vorwegzunehmen ist an dieser Stelle, dass die Bedienweise der Sinn^2-App mit ihrem Zuschnitt auf die Sprachausgabe VoiceOver grundsätzlich für die Zielgruppe der Blinden und Menschen mit Sehbehinderung in allen Anwendungsfällen barrierefrei bedienbar ist. Die Testung hat hierbei ergeben, dass die Zielgruppe in ihrer Routine und Bedienungssicherheit eher heterogen zu charakterisieren ist. So gab es Tester, die die einzelnen Prozesse sicher, fließend, gezielt, ohne Umwege, ohne Abbruchstellen, flüssig und bedacht durchliefen. Bei diesen handelte es sich auch um diejenigen Nutzer, die die App bisher täglich bzw. regelmäßig für ihre Reisen mit dem ÖPNV nutzten und im Allgemeinen einen sicheren Umgang mit ihrem Smartphone haben. Sie alle waren berufstätig.

Eine weitere Gruppe nutzte die Sinn²-App im Hinblick auf die Bedienung und bei häufig genutzten Funktionen wie beispielsweise „**Schnellplanung**" oder „**Live Auskunft**" ebenso sicher, zeigte jedoch bei einzelnen, weniger häufig genutzten Funktionen wie etwa der „**Navigation**" oder „**Favoriten speichern**" teilweise Unsicherheiten. Dies äußerte sich beispielsweise darin, dass die gewünschte Funktion über Umwege angesteuert wird oder zunächst überlegt werden musste, wie die Funktion im Menü angewählt wird. Bei dieser Gruppe handelte es sich eher um diejenigen Nutzer, die die Sinn²-App zuvor weniger häufig im Alltag verwendete und sich selbst eher als weniger routiniert in der Sinn²-App-Bedienung unter Alltagsbedingungen einschätzte. In dieser Gruppe befanden sich eher die älteren Tester, die sich tendenziell auch unsicherer in der App-Bedienung einschätzten. Diese Beobachtungen lassen den Schluss zu, dass die Sicherheit in der Bedienung der Sinn²-App mit der Anwendungsroutine und der allgemeinen Sicherheit in der Smartphone-Bedienung steigt.

Ein weiterer auffälliger Punkt während der teilnehmenden Beobachtung war, dass die Variante der Start- bzw. Zieleingabe per Diktierfunktion bei geräuscharmer Umgebung tendenziell weniger fehleranfällig und auch zeitsparender ist, als die Eingabe einzelner Buchstaben ins Bedienfeld. Zudem konnte festgestellt werden, dass die Nutzung der Sinn²-App mit Restsehkraft eher mehr Zeit bedarf, da die Bedienung wegen des starken Zooms länger dauert. Manchmal verzögerte hier auch das Vertippen oder die Mischung zwischen Hören und Sehen die Planung, dennoch war eine grundsätzlich sichere Bedienung gegeben.

Lösen der Kernaufgaben: Während der Testung wurde eines schnell deutlich: Die Probanden kennen sich sehr gut im VVS-Netz aus, da sie normalerweise bekannte Strecken nach Gewohnheit fahren. Dies äußerte sich darin, dass bei der Bekanntgabe der Start- und Zielpositionen häufig bereits erste Routenoptionen inklusive Abfahrtszeiten und Umstiegen von ihnen vorgeschlagen wurden, ohne dabei die Sinn²-App zu bemühen. Teilweise stimmten diese Routen später tatsächlich mit den durch die Sinn²-App vorgeschlagenen Routen überein, manchmal ließen sich so jedoch auch zeitkürzere bzw. unkompliziertere Alternativen identifizieren. Die Sinn²-App kann somit auch als Ideengeber für bereits bekannte Strecken fungieren, die den/die Nutzer/in möglicherweise schneller oder komfortabler an ihr gewünschtes Ziel bringt.

Ansonsten gaben die Tester an, dass sie die Sinn²-App auf bekannten und regelmäßig befahrenen Strecken besonders dabei unterstützt zu überprüfen, ob etwas und wenn ja, was auf der Strecke aktuell los ist. Dazu gehören evtl. verspätete Abfahrtszeiten, Gleisänderungen oder sonstige unvorhersehbare Veränderungen. Auf unbekannten Strecken ist die Hauptanfrage an die Sinn²-App, wie man am schnellsten bzw. komfortabelsten vom Standort oder einem anderen Ort an das gewählte Ziel kommt. Dabei interessiert die Nutzer/innen vor allem die Zeitdauer, die Verbindung, die Verkehrsmittel und die Anzahl der Umstiege, falls diese notwendig sind.

Innerhalb der Rubrik „Lösen der Kernaufgaben" sollte anhand der Beobachtung bewertet werden, inwiefern es den Testern gelingt, die identifizierten Aufgaben zu lösen. Hierzu kann die Aussage getroffen werden, dass dies in allen Fällen geglückt ist. Auch wenn sich die Bedienungssicherheit innerhalb der Probandengruppe unterscheidet, wurden von allen Testern alle anfallenden Aufgaben im jeweiligen Tempo erledigt. Die Sinn²-App ist somit im Stande, die Zielgruppe dabei zu unterstützen, selbstständig Routen im ÖPNV zu planen. Die dazu notwendigen Informationen werden der Zielgruppe barrierefrei und zuverlässig zur Verfügung gestellt.

Einsatz der Funktionen: Die Sinn²-App verfügt über einen gewissen Funktionsumfang, der in der Entwicklungsphase unter Beteiligung der Zielgruppe erarbeitet und technisch umgesetzt wurde. Dafür wurden sogenannte **„use cases"** bzw. **„Anwendungsfälle"** angelegt, die alle möglichen Szenarien bündeln, die bei der Anwendung der App eintreten bzw. ausgewählt werden können, um ein bestimmtes Ziel zu erreichen. Um Aussagen über die Praktikabilität der Sinn²-App tätigen zu können, mussten unter Testbedingungen möglichst alle dieser Anwendungsfälle betrachtet werden. Die folgende Übersicht enthält demnach alle in der Sinn²-App vorhandenen Anwendungsfälle und gibt Aufschluss darüber, wie häufig diese während der teilnehmenden Beobachtung getestet wurden. Es hätte dabei den zeitlichen Rahmen gesprengt, bei jeder Testung alle Anwendungsfälle zwingend durchzugehen, weshalb diese unterschiedlich oft – je nach Erkenntnisinteresse oder Ablauf der Testung – angewendet wurden. Unter dem Oberbegriff **„Routenplanung"** befinden sich die Funktionen

„Schnellplanung", **„Routenplanung"**, **„Zwischenhalt"**, **„Favorit"** und **„Route zu Favorit"**.

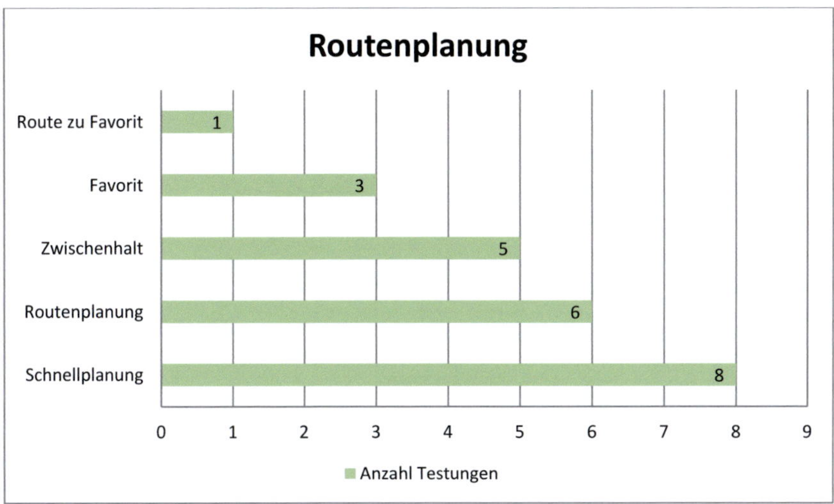

Abbildung 43: Genutzte Routenplanungs-Anwendungsfälle während der teilnehmenden Beobachtungen

Aus **Abbildung 43** geht hervor, dass besonders die Funktion **„Schnellplanung"**, aber auch die **„Routenplanung"** bei jeder bzw. bei fast jeder Testung mindestens einmal, wenn nicht mehrmals verwendet worden ist. Diese Tools sind somit das Kernstück der Sinn²-App, wenn es um die Routenplanung geht. Die Funktion **„Zwischenhalt"** wurde in fünf Testfällen mindestens einmal verwendet. Diese Zahl entspricht jedoch nicht der natürlichen Frequenz; diese Funktion wurde von den Testern eher selten gebraucht. Innerhalb der Testbedingungen stellte sie jedoch eine komplexe Funktion bezüglich der Anwendungs- und Informationsqualität dar, weshalb die Tester dazu ermutigt wurden, sie innerhalb des Tests anzuwenden. **„Favoriten"** und **„Route zu Favoriten"** wird – wie bereits erwähnt – von den Testenden rege genutzt. Jedoch stellten diese Anforderungsfälle aufgrund der geringen Komplexität und der erfahrungsgemäß einfachen Handhabung einen zu vernachlässigen Anwendungsfall dar, da in der Überprüfung der Einstellungen die Sicherheit in der Anwendung bereits deutlich wurde.

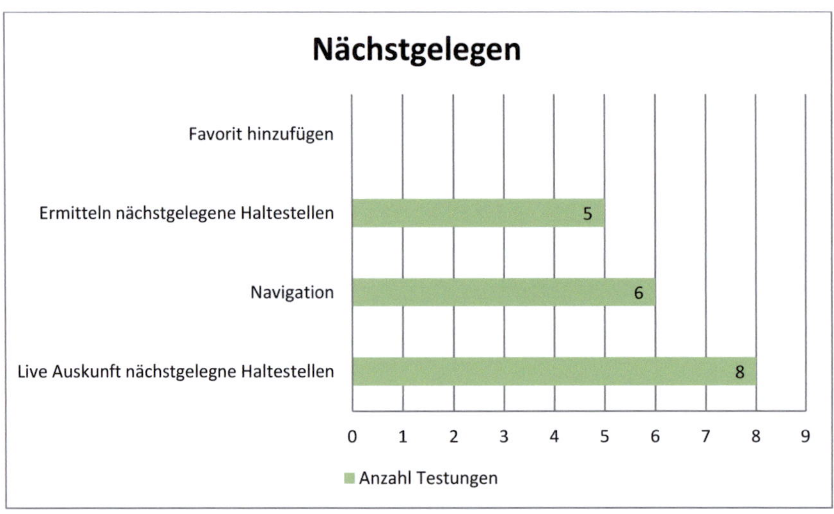

Abbildung 44: Genutzte „Nächstgelegen"-Anwendungsfälle während der teilnehmenden Beobachtungen

Unter dem Oberbegriff **„Nächstgelegen"** werden die Anwendungsfälle **„Live Auskunft nächstgelegene Haltestellen"**, **„Navigation"**, **„ermitteln nächstgelegener Haltestellen"** und **„Favorit hinzufügen"** subsummiert. Wie bereits oben beschrieben, war auch hier die Funktion **„Favorit hinzufügen"** innerhalb der Testfahrten zu vernachlässigen. Die Aktualität der Funktion **„Live- Auskunft der nächstgelegenen Haltestellen"** wurde hingegen bei allen Tests mindestens einmal ausgeführt, um die Handhabung und Datenqualität zu überprüfen. Die innovativen Funktionen der Navigation und der Ermittlung der nächstgelegenen Haltestellen über GPS waren ebenso häufig getestete Funktionen.

Die Aktualisierung des **„Live Fahrplans"** einer Haltestelle in der Umgebung oder einer in den Favoriten gespeicherten Haltestelle wurde in etwa zur Hälfte der Testungen überprüft, gleiches gilt für den **„Aushangfahrplan"**. Auch wenn das Feature **„Hilfe rufen"** von den Testenden als wertvoll beschrieben wird, wurde innerhalb der Testphase niemals tatsächlich bei einer dort hinterlegten Nummer angerufen, da diese für den Notfall gedacht sind. Es wurde dennoch überprüft, ob die Testpersonen wissen, wo diese Funktion zu finden ist und auch, ob die hinterlegten Nummern tatsächlich anwählbar sind. In zwei Tests wurden die Filter bearbeitet, um zu überprüfen, ob diese Veränderung von der App bei der Routenplanung berücksichtigt wird.

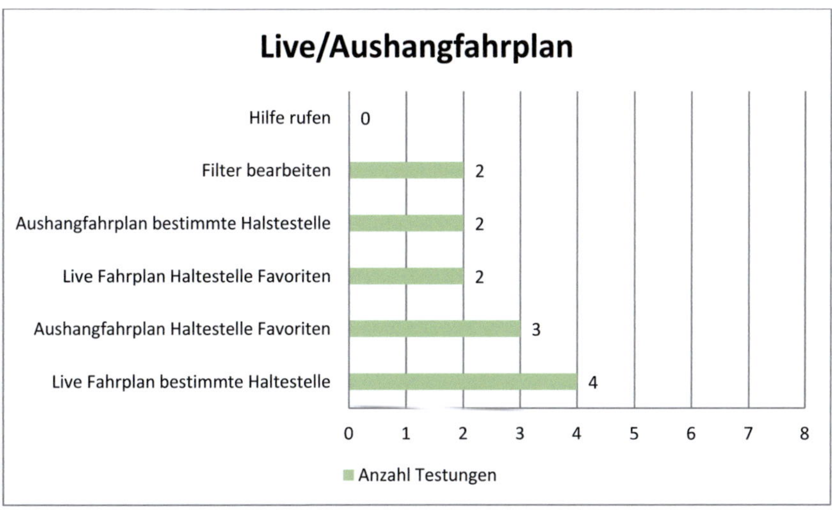

Abbildung 45: Genutzte „Live-Fahrplan"-Anwendungsfälle während der teilnehmenden Beobachtungen

In jeder der acht Testungen wurden somit die Anwendungsfälle „**Schnellplanung**" und „**Live Auskunft nächstgelegene Haltestellen**" getestet. „Routenplanung", „Navigation", „ermitteln nahegelegener Haltestellen" und „Zwischenhalt" wurden in sechs bzw. fünf der Testungen angewendet. Neben der „Liveauskunft" bzw. dem „Aushangfahrplan" sind dies die in der Praxis am häufigsten verwendeten Funktionen. Die Bearbeitung von Filtern bzw. das Hinzufügen von Favoriten sind Grundeinstellungen, die selten bzw. gezielt angewendet werden und damit im Alltag weniger häufig vorkommen. Die Funktion „Hilfe rufen" ist für besondere Situationen gedacht und wird daher ebenso selten verwendet. Demnach ist es während der Testung gelungen, das Funktionsspektrum realitätsnah abzubilden und die Anwendungsfälle in ihrer Frequenz praxisnah zu gewichten. Innerhalb der Testung ist es den Nutzern gelungen, die Kernaufgaben über die jeweiligen Funktionen zu lösen.

Umwelt: Unter dem Aspekt „Umwelt" wurde darauf geachtet, welche Umwelteinflüsse Auswirkungen auf den Einsatz der Sinn²-App haben. Dabei spielte vor allem das

Thema „Orientierung" eine große Rolle. Bei den Testungen wurde deutlich, dass sich die Zielgruppe im ÖPNV vor allem an akustischen Durchsagen orientiert, sofern diese vorhanden sind. Durchsagen erleichtern die Orientierung maßgeblich – sei es im Bus (nächste Haltestelle) oder am Bahnsteig (U-Bahn/S-Bahn unterirdisch), wenn es darum geht zu erfahren, welches Verkehrsmittel in welche Richtung an welchem Gleis wann einfährt bzw. an welcher Haltestelle der Bus als nächstes anhält. Eine durchgängige Ausstattung verlässlicher akustischer Durchsagen an allen Haltestellen und in allen Verkehrsmitteln wäre eine große Erleichterung für die Zielgruppe.

Der innovative, im gesamten Stadtgebiet von Stuttgart einzige Taster zum Aktivieren des Lautsprechers, der an der Haltestelle „Pragsattel" die über den Bildschirm angezeigte Live-Auskunft vorliest, funktionierte während der Testfahrt unzuverlässig. Fehlen diese Ansagen oder sind sie fehlerhaft, so verlieren Menschen mit eingeschränktem Sehsinn ohne fremde Hilfe den Überblick darüber, welche Linien wann, wo und u.U. in welcher Reihenfolge verkehren. Dabei ist es wichtig, dass Durchsagen rechtzeitig geschaltet und nicht durch einen bereits einfahrenden Zug übertönt werden. Während der Testungen musste leider festgestellt werden, dass selbst an Haltestellen mit akustischen Durchsagen diese nicht immer zuverlässig bzw. gut hörbar zur Verfügung standen.

Wie eingangs erwähnt, stellen Blindenleitlinien eine weitere Hilfe für die Orientierung blinder und sehbehinderter Menschen dar. Sie helfen dabei, Aus- oder Aufgänge, Treppen, Rolltreppen oder Aufzüge zu finden und einschätzen zu können, wo sich die Bahnsteigkante befindet. Wenn die Blindenleitlinie fehlt, ist die Orientierung erschwert – besonders an unbekannten Orten oder an Bahnsteigkanten, wo sich sonst mit dem Langstock direkt an der Kante orientiert werden muss, was das Gefahrenpotential erhöht.

Sogar an der stark frequentierten S- und U-Bahn-Haltestelle „Stadtmitte" werden die Blindenleitlinien beim Wechsel zwischen S- und U-Bahn nicht durchgängig vorgehalten, sodass sich die Zielgruppe den Weg dazwischen einprägen muss. An Busstationen sind diese kaum vorzufinden: hier beschreiben die Probanden die Suche nach der richtigen Abfahrposition als besondere Herausforderung nach dem **„trial-and-error-Verfahren"**.

Weitere bauliche Mängel im Sinne der Barrierefreiheit stellen für Menschen mit Rest-sehkraft schwer begehbare Treppen ohne Kontraststreifen dar. Die Langstock-Technik wurde von den meisten der Probanden angewandt, um sich sicher fortzubewegen. Bekannte Laufwege legen sie mit diesem Hilfsmittel und durch Mobilitätstrainings sou-verän zurück. Doch selbst auf bekannten Wegen fällt die Orientierung in überfüllten Bahnen und auf vollen Bahnsteigen schwer: „In Menschenmengen ist der Stock außer Gefecht".

Im Straßenverkehr sind vor allem Sicherheitsproblematiken aufgefallen. Dazu gehören schlecht gesicherte Baustellen, die für Langstocknutzer/innen teilweise kaum bis nicht wahrnehmbar waren. Auch Fußgängerampeln mit akustischem Signal werden gefähr-lich, wenn Autos oder sogar Straßenbahnen fahren, obwohl „grün" angezeigt bzw. hör-bar ist. Hier ist das Achten auf die Geräuschkulisse eine Lebensversicherung, die be-reits mit den geräuschlosen E-Autos nicht immer greift. Wenn die Zielgruppe alleine unterwegs ist und sich Schwierigkeiten auftun, so bitten sie Passanten um Hilfe: „Die Menschen sind sehr hilfsbereit."

Im Hinblick auf die App-Bedienung hat die Umwelt besonders dann einen Einfluss auf die Anwendung, wenn laute Umgebungsgeräusche in der Bahn oder am Gleis das Verstehen von VoiceOver erschweren. So wird die Sprachausgabe bei lauter Umge-bung manchmal nur schwer verstanden. Die Verwendung von Kopfhörern erleichtert die Anwendung, allerdings werden dann zur Orientierung und Sicherheit wichtige Um-weltgeräusche unter Umständen nicht mehr gehört. Der bereits erwähnte Knochenleit-kopfhörer löst diese Problematik und ist daher für die Sinn²-App zu empfehlen.

Ein weiterer Umweltfaktor ist, dass die App bzw. einzelne Funktionen nur bei Internet-empfang und ausreichendem GPS-Signal bedienbar ist bzw. sind. Besonders bei un-terirdischen Haltestellen kann es hier zu Schwierigkeiten in der Bedienung kommen. Während der Testung war an allen Punkten – auch unterirdisch – genug Internetemp-fang vorhanden. Mit dem GPS-Signal gab es jedoch während der Testung hin und wieder Schwierigkeiten. Es aktualisierte sich nicht automatisch, sodass teilweise bei der Schnellplanung oder bei der Navigation von einem anderen – vorherigen – Standort ausgegangen wurde. Diese Problematik wurde jedoch in der Zwischenzeit bearbeitet, sodass regelmäßige Aktualisierungen des Standortes dafür sorgen, dass die Sinn²-App zuverlässig genutzt werden kann.

Zudem wurde während der Testung festgestellt, dass die in der Sinn²-App regulierbare Umsteigegeschwindigkeit je nach Umweltbedingungen im Einzelfall sehr variabel sein kann. Faktoren, wie Baustellen, nicht funktionstüchtige Rolltreppen, fehlende Blindenleitlinien, viele Menschen auf dem Bahnsteig oder die Tatsache, ob man vorn oder eher hinten in die Bahn eingestiegen ist, beeinflussen die benötigten Zeiten maßgeblich. Die in der App angezeigten Umsteigezeiten, die wiederum einen Einfluss auf die Routenplanung sowie Abfahrts- und Ankunftszeit haben, sind daher unter erschwerten Bedingungen situationsabhängig eher ein Richtwert.

Herausforderungen/Schwierigkeiten: In dieser Kategorie sollen die im Hinblick auf die Praktikabilität während der Testung aufgetretenen Nutzungsschwierigkeiten eingegangen werden. All die dabei identifizierten Nutzungsprobleme waren wertvolle Hinweise darauf, wie die App bezüglich ihrer technischen Stabilität und Nutzungsweise verbessert werden kann. Jeder Hinweis auf etwaige Probleme oder Verbesserungspotentiale, die von Seiten der Zielgruppe bzw. durch die Testung offensichtlich wurden, sind im Nachgang geprüft und behoben worden.

Es kann vorweggenommen werden, dass es glücklicherweise zu keinen größeren Schwierigkeiten kam, die sich maßgeblich auf die Nutzbarkeit der Sinn²-App auswirkten. In zwei Fällen kam es jedoch zu einer Fehlermeldung, nachdem die Filtereinstellungen verändert wurden. Diese ließ sich nur noch durch eine Neuinstallation der Sinn²-App beheben.

Grundsätzlich ist während der Testung festgestellt worden, dass die in der Sinn²-App dargestellten Routen und Abfahrtszeiten mit der tatsächlichen Taktung – auch bei Verspätungen – übereinstimmen. Bis auf eine Ausnahme sind auf unterschiedlichen Geräten mit den identischen Einstellungen identische Informationen angezeigt worden. Dies kann als Ausnahme gewertet werden. Weiter gab es den Fall, dass die angezeigten Routenplanungen **„ab jetzt"** ab einem Zeitpunkt angegeben worden sind, der bereits ca. 10 min verstrichen war, sodass die obenstehenden Routenoptionen nicht mehr erreichbar waren. Dies ist auf die empfangene Datenqualität zurückzuführen und ist ebenso ein Einzelfall.

Die meisten bei der Testung aufgefallenen Schwierigkeiten fallen in das Themengebiet der Handhabbarkeit bzw. Anwender/innenfreundlichkeit. So ist es für die Tester beispielsweise unkomfortabel, dass sich der Cursor bei der Eingabe eines Starts bzw. eines Ziels per Eingabe über die Tastatur nicht bereits im jeweiligen Textfeld befindet, sondern erst dort hin navigiert werden muss. Zudem werden bei der Eingabe durch die automatische Autokorrektur teilweise Fehler produziert, die für die Zielgruppe schwer zu beheben sind. Eine Fehlerkorrektur im Eingabefeld ist zusätzlich zeitaufwändig, da jeder Buchstabe einzeln gelöscht werden muss. Eine **„alles löschen"** Funktion wäre hierbei genauso hilfreich wie ein Abstellen der Autokorrektur und ein automatisches Platzieren des Cursors im Eingabefeld, sobald die Eingabemaske zur Routenplanung geöffnet wird.

Sobald ein Start bzw. Ziel eingegeben worden ist, macht die App Vorschläge bezüglich möglicher Haltestellen bzw. Adressen. Diese Auswahl ist je nach Ziel teilweise sehr lang. Fällt hier bereits bei den ersten Vorschlägen auf, dass die vorherige Eingabe fehlerhaft war und die daraufhin vorgeschlagenen Ziele entsprechend nicht passend sind, können die Anwender/innen bisher keine **„zurück"** Taste bedienen, die sie zurück auf das Eingabefeld bringt – die Routenplanung muss erneut gestartet werden. Das Hinterlegen einer solchen Taste kann demnach die Nutzer/innenfreundlichkeit an dieser Stelle deutlich steigern.

Auch bei der Schnellplanung, wo der Standort der Anwender/innen via GPS Signal geortet wird kann laut Aussage der Tester noch erweitert werden. **Hier wäre es für die Zielgruppe von Vorteil, wenn die App nach der Ortung angeben würde, welcher Standort ausgewählt worden ist.** Sollte es zu Problemen mit dem GPS Signal kommen und möglicherweise ein vorheriger Standort genutzt worden sein, kann dieser noch korrigiert werden, bevor eine fehlerhafte Routenplanung fortgesetzt wird.

Bei manchen Testern kam es zudem zu Verwirrungen im Hinblick auf den Kompaktmodus. So ist es vorgekommen, dass dieser aktiviert war, ohne dass die Testenden dies im Gedächtnis hatten. Sie wunderten sich daher über die knapperen Informationen. Grundsätzlich soll der Kompaktmodus ermöglichen, dass die angeforderten Informationen in weniger ausführlicher Weise einen schnellen Überblick über die Reiseroute bieten. Hier muss abgewogen werden, inwiefern diese Vereinfachung im Verhältnis zu der potentiellen Verwirrung über einen versehentlich aktivierten Kompaktmodus steht.

Neben dem Kompaktmodus ist auch die Einstellung der Filteroptionen für die Nutzer/innen tückisch. Filter können sowohl in den Grundeinstellungen unter „Optionen", als auch bei der individuellen Routenplanung für eine bestimmte Route eingestellt werden. Bei der Filteroption in den Grundeinstellungen reicht es, die jeweiligen Filter entsprechend einzustellen und diese Einstellung wird dann automatisch übernommen. Möchte man die Filter hingegen bei einer einzelnen Fahrt einstellen, so muss neben der Filtereinstellung am Ende der Seite der Button **„anwenden"** ausgewählt werden, damit diese übernommen werden. Hier sollte ein einheitliches System gefunden werden, damit die Nutzer/innen ihre Einstellungen zuverlässig und zeitsparend vornehmen können.

Zusätzlich sorgte die Verspätungsangabe bei ausgewählten Routen zu Verständnisproblemen. Bei Verspätungen wird zu der ursprünglichen Abfahrts- bzw. Ankunftsuhrzeit der Zusatz **+** mit der jeweiligen Minutenangabe der Verspätung versehen. Hat ein Bus mit der ursprünglichen Abfahrtszeit 15:04 Uhr also 3 Minuten Verspätung, so wird dies als 15:04+3 angezeigt. Für die Probanden war es teilweise dabei unklar, ob die Verspätung bereits in der Zeitangabe 15:04 Uhr enthalten ist, oder nicht. Diese und andere Anwendungsinformationen könnte der Zielgruppe beispielsweise in einem kurzen Nutzungshandbuch zur Verfügung gestellt werden.

Für die Nutzenden wäre es zudem hilfreich, wenn eine zunächst ausgewählte Verbindung, die durch Verspätungen auf der Strecke nicht wie geplant eingehalten werden kann, durch eine **„aktualisieren"** Option neu geplant werden kann. Momentan muss in diesem Fall ab dem aktuellen Standort neu geplant werden. Inwiefern dies technisch möglich ist, muss geprüft werden. Weiterhin sollte darüber nachgedacht werden, ob Zwischenhalte, die auf der Strecke liegen, zur besseren Übersichtlichkeit explizit angezeigt werden sollten. Momentan wird dieser nur dann angezeigt, wenn hier auch umgestiegen werden muss, was zu Verunsicherungen dahingehend führt, ob der gewünschte Zwischenhalt in der Planung berücksichtigt worden ist, oder nicht. In der Evaluation der Testfahrten zeigten sich die Teilnehmenden als zufrieden mit der Sinn² App. Wenn auch teilweise Schwierigkeiten auftraten **„hält sie, was sie verspricht"**.

<u>**Überarbeitungsvorschläge**</u>: Die folgenden Überarbeitungsvorschläge wurden entweder während der Testfahrt oder während des Abschlussinterviews von Seiten der Tester geäußert. Hierbei handelte es sich teilweise um individuelle Wünsche, die differenziert abgewogen werden müssen: Inwiefern sind diese Funktionen für die heterogene Gesamtheit der potentiellen Nutzer/innen relevant und stellt ein Mehr an Funktionen in den jeweiligen Aspekten gleichzeitig einen Mehrwert dar, der sich mit dem Grundsatz der Übersichtlichkeit vereinbaren lässt. All diese Vorschläge müssen demnach ins Verhältnis **Individualinteresse** vs. **Gesamtinteresse** und **Funktionsvielfalt** vs. **Übersichtlichkeit** gesetzt werden. So gehen hier die Vorstellungen der Testenden sehr auseinander. Während die einen die Pilotversion bereits als „**verschachtelt**" erleben, wünschen sich die anderen mehr Funktionen und Möglichkeiten der Individualisierbarkeit, die wiederum mit einer komplexeren Handhabung einhergehen. Für Anwender/innen mit einer Sehbehinderung wäre es von Vorteil, wenn die Schaltflächen linksbündig beschriftet wären, da bei der aktuellen zentrierten Anzeige das Zoomen zeitaufwändiger ist. Eine Einfärbung der verschiedenen Verkehrsmittel anhand eines Farbschemas nach dem Vorbild der beliebten App „Abfahrtsmonitor" könnte die Bedienung zusätzlich für diese Zielgruppe vereinfachen.

Während der Testfahrten und im Telefoninterview wünschten sich viele Tester die Option einer Fahrtenverlaufsanzeige bei der Live Auskunft bzw. dem Aushangfahrplan. Besonders während den Testfahrten wurde deutlich, dass die Anwender ohne diese Information einzig anhand der Live Auskunft schwer einschätzen konnten, ob die jeweilige Linie die gewünschte Haltestelle passiert oder nicht. An den Aushangfahrplänen an den Haltestellen ist diese Information für Sehende stets vorgehalten, weshalb innerhalb der Testung zu dem Schluss gekommen worden ist, dass ein Integrieren des Fahrtenverlaufs sehr zu begrüßen wäre und die Sinn²-App dadurch mit wenig Eingriff in die Übersichtlichkeit deutlich informativer werden würde. Ebenso wurde mehrmals der Wunsch geäußert, einen „**früher**" und „**später**" **Button** bei der Routenauswahl zu integrieren oder eine zuvor eingegebene Verbindung für den Rückweg tauschen können, wie das bei anderen ÖPNV Apps möglich ist. Nach dem Vorbild der DB App kam ebenso der Wunsch nach einem **Verspätungsalarm** auf.

Inwiefern das Abspeichern von letzten Fahrzielen sinnvoll ist, wurde von den Testenden unterschiedlich bewertet. Die einen sahen diese Funktion bereits durch die Favoriten abgedeckt, andere äußerten den Wunsch diese zu einzufügen. Im Hinblick auf die Favoriten wurde zudem geäußert, dass diese direkt im Favoritenmenü hinzufügbar sein sollten. In der Liste wäre es für manche der Testenden sinnvoll, diese nach Relevanz ordnen zu können. Denjenigen, die die Filter bisher nicht nutzten würden sie auch nicht fehlen, wenn sie ganz gestrichen werden.

Der Richtungspfeil bei „Navigation", der die Richtung der ausgewählten Haltestelle in der Umgebung durch ein Vibrationsfeedback anzeigt, wird von den Testern sehr geschätzt. Sie würden es begrüßen, wenn dieser auch bei der Routenplanung integriert werden könnte, damit die ermittelte Ausgangshaltestelle, z. B. bei der Schnellplanung gefunden werden kann. Auch die Live Auskunft stellt für die Zielgruppe eine große Erleichterung dar, die für manche Tester am besten direkt über den Startbildschirm erreicht werden sollte, da sie sehr häufig genutzt wird, besonders auf bekannten Strecken und an Haltestellen ohne akustische Durchsagen.

Eine weitere Zeitersparnis könnte für die Anwender/innen erreicht werden, wenn innerhalb der Routenplanung die Schaltflächen „**Zwischenhalt**" und „**weiter**" getauscht werden: momentan wird die Option „Zwischenhalt" zuerst genannt, obwohl sie im Alltag seltener genutzt wird. Als letzten Punkt wünscht sich der Großteil der Probanden noch die geplante Integration der Störungsmeldungen in die App, die bisher aussteht.

8.2.3 Auswertung Telefoninterview t3 Testphase

8.2.3.1 Nutzungshäufigkeit

Als letzte Erhebung wurde das die Testphase abschließende Telefoninterview mit den Probanden geführt. Neben dem Einsatz des Erhebungsinstruments „**ISONORM**" wurden hier weitere Fragen zur Nutzung und Evaluation der Sinn^2-App gestellt. Bei den Teilnehmenden handelte es sich um den gleichen Personenkreis, der die App testete.

Unter anderem war von Interesse, wie oft die Teilnehmenden die Sinn²-App durchschnittlich im Alltag nutzten. Die Einsatzhäufigkeit ist dabei stark von der Mobilität der jeweiligen Testperson im VVS-Netz abhängig. So ist es naheliegend, dass vor allem diejenigen, die berufstätig sind und mit den öffentlichen Verkehrsmitteln zu ihrem Arbeitsplatz fahren, die App mehrmals täglich (3 Nennungen), bzw. täglich (1 Nennung) oder ca. dreimal pro Woche (1 Nennung) nutzt. Die Rentner unter den Testern nutzen sie hingegen seltener als wöchentlich (2 Nennungen) bzw. einmal pro Woche (1 Nennung) und vor allem in der Freizeit.

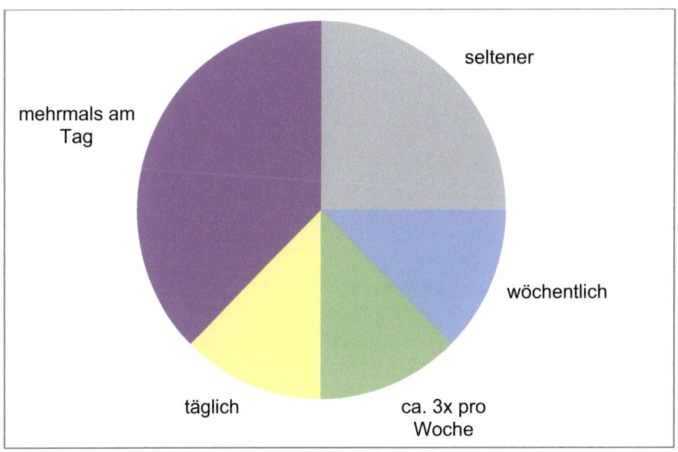

Abbildung 46: Nutzungshäufigkeit der Sinn²-App

Die Probanden gaben dabei an, dass sie die Sinn²-App gleichermaßen häufig zur Routenplanung von zu Hause aus zum Planen ihrer Fahrt nutzen und dabei Informationen über die Route sowie Abfahrtszeiten einholen (8 Nennungen), wie auch flexibel, spontan und unmittelbar unterwegs einsetzen (8 Nennungen), um sich beispielsweise Informationen über nahegelegene Haltestellen, Abfahrtspläne oder die Live-Auskunft zu beschaffen. Doch auch wenn alle die Sinn²-App sowohl spontan als auch zur Planung einsetzen, gibt es eine Gruppe der Tester, die die App überwiegend zu Hause nutzt und die andere, die sie vor allem unterwegs einsetzt. Letztere sind eher diejenigen, die insgesamt häufiger mit den öffentlichen Verkehrsmitteln unterwegs ist. Zudem gaben diejenigen, die die App eher seltener nutzen an, dass sie die regelmäßig befahrenen Routen bereits im Kopf haben und eine Routenplanung eher selten notwendig wird.

8.2.3.2 Routine im Umgang mit der App

Im Hinblick auf die entwickelte Routine in der Bedienung der Sinn²-App schätzen sich die Tester größtenteils sicher (3 Nennungen) bis sehr sicher (3 Nennungen) ein. Zwei der Testenden gaben an, sich überwiegend sicher in der Anwendung zu fühlen. Bei diesen Personen handelte es sich um seltene Nutzer, sodass hier ein direkter Zusammenhang zwischen Nutzungshäufigkeit und Nutzungsroutine erkennbar wird.

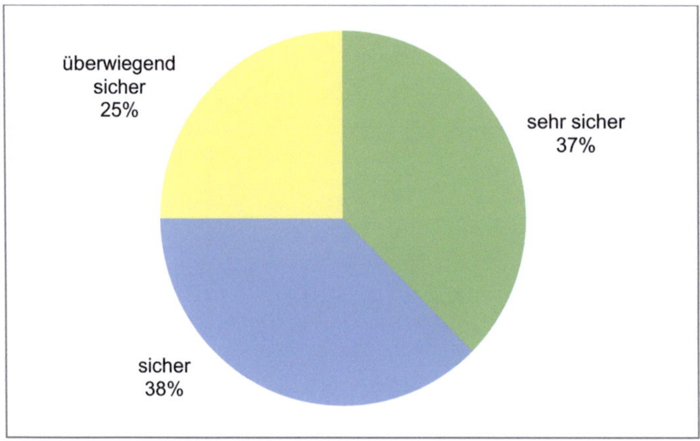

Abbildung 47: Anwendungssicherheit und Routine im Umgang mit der Sinn²-App

8.2.3.3 Vorteile der App

Neben den Einsatzgewohnheiten und der Routine wurden die Probanden auch danach gefragt, was die Sinn²-App im Vergleich zu anderen ähnlichen Apps für Vorteile mitbringt. Dabei wurde vor allem das hohe Maß an **Barrierefreiheit** hervorgehoben. Diese ist besonders dadurch gegeben, dass die App in ihrem gesamten Aufbau auf die Nutzung mit VoiceOver ausgelegt ist. Durch die Möglichkeit der Spracheingabe und die klar strukturierte Gliederung ist die Sinn²-App einfach und zeitsparend für die Zielgruppe bedienbar. Für Menschen mit einer Sehbehinderung tragen neben der VoiceOver-Funktion besonders die großen Schaltflächen und die guten Kontraste dazu bei, dass sie ihre Restsehkraft bestmöglich zur Bedienung der App einsetzen können. Die Sinn²-App ist nach dem Urteil der Tester im Gegenteil zu anderen ÖPNV-Apps besonders schlank, kompakt, strukturiert, logisch aufgebaut, nicht überfrachtet und ermöglicht den Anwender/innen durch diese Übersichtlichkeit eine schnelle Handhabung, die laut Aussage der Tester von einer schnellen Rechenleistung unterstützt wird.

8.2.3.4 Einschätzung der Aufgabenangemessenheit

Während des Telefoninterviews wurde zudem das standardisierte Instrument ISO-NORM eingesetzt. ISONORM misst die Gebrauchstauglichkeit von Software allgemein, wodurch die Einschätzung der Probanden im Hinblick auf die Usability der Sinn²-App vergleichbar wird. Die sieben Gestaltungsgrundsätze der Dialoggestaltung, welche grundlegend für eine benutzerfreundliche Anwendung von Softwareprodukten sind, wurden dabei in jeweils fünf Einzelfragen operationalisiert. Die Einzelauswertung der insgesamt 35 Fragen kann im Anhang eingesehen werden. Als Antwortmöglichkeit wurde jeweils eine vierstufige **Likert-Skala** mit „trifft voll zu", „trifft eher zu", „trifft eher nicht zu", „trifft nicht zu" angeboten.

Im Hinblick auf die **Aufgabenangemessenheit** der Sinn²-App wurde untersucht, inwieweit die App den Nutzenden bei der Erledigung der Aufgaben unterstützt, ohne unnötig zu belasten. Dabei gaben alle Probanden an, dass die Sinn²-App unkompliziert zu bedienen und gut auf die Anforderungen zugeschnitten ist. Zudem bietet die App durch die Funktion der Favoriten und durch die Grundeinstellungen die Möglichkeit, sich häufig wiederholende Bearbeitungsvorgänge zu automatisieren und sie erfordert keine überflüssigen Eingaben.

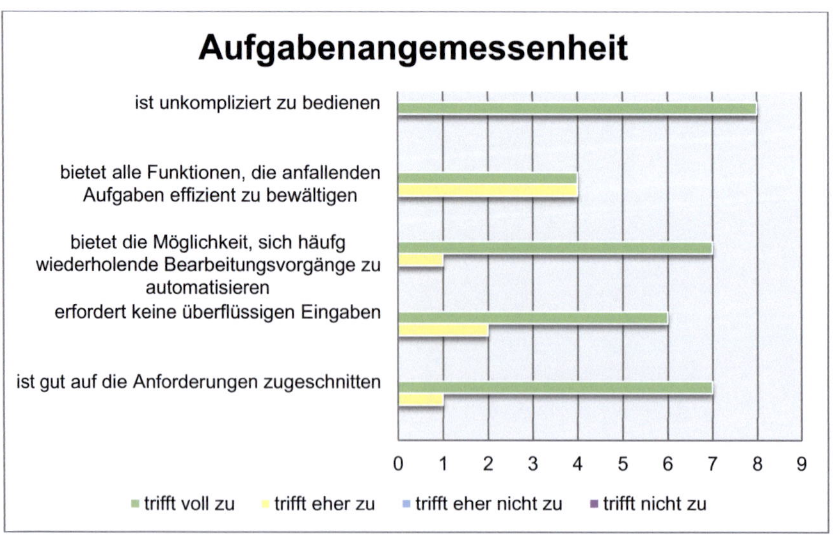

Abbildung 48: Einschätzung der Aufgabenangemessenheit der Sinn²-App

8.2.3.5   Einschätzung der Selbstbeschreibungsfähigkeit

Bei der Kategorie der **Selbstbeschreibungsfähigkeit** liegt der Fokus darauf, ob die App den Nutzer/innen genügend Erläuterungen bietet und ob sie in ausreichendem Masse verständlich ist.

Hierbei gaben die Interviewten an, dass die Sinn²-App einen guten Überblick über ihr Funktionsangebot bietet und insgesamt gut verständliche Begriffe, Bezeichnungen oder Abkürzungen verwendet. Die unterschiedlichen Navigationselemente sind so intuitiv bedienbar und der Nutzende wird gut durch die Prozesse geführt. Der Großteil der Befragten war ebenso der Meinung, dass die Sinn²-App in einem ausreichenden Maße Informationen darüber liefert, welche Eingaben zulässig bzw. nötig sind. Im Hinblick auf ausreichende situationsspezifische Erklärungen, die auf Verlangen oder automatisch durch die App zur Verfügung gestellt werden, stimmt der eine Teil der Gruppe zu, andere sehen dies eher nicht. Grundsätzlich lässt sich festhalten, dass die Sinn²-App sich durch die strukturierte Menüführung und die Benennung der Schaltflächen vornehmlich selbst erklärt. Allerdings werden diejenigen, die Erklärungen wie ein Handbuch erwarten, feststellen, dass die Sinn²-App ein solches nicht vorhält.

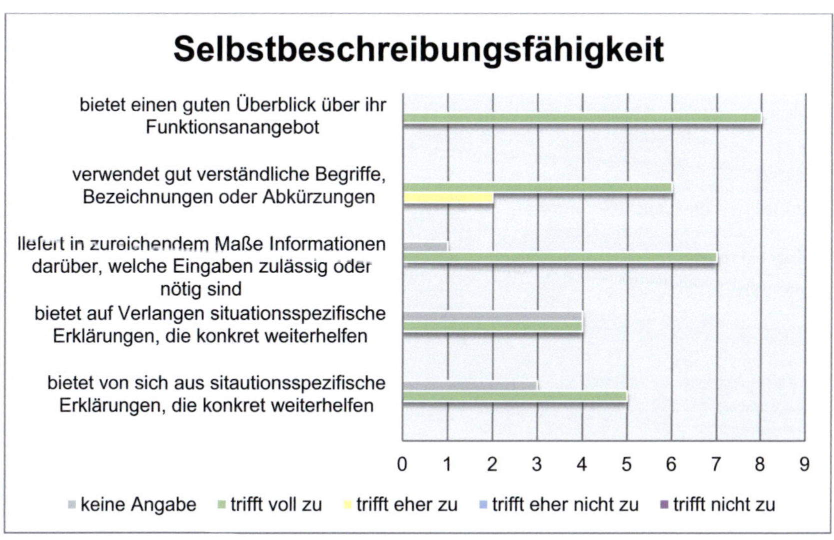

Abbildung 49: Einschätzung der Selbstbeschreibungsfähigkeit der Sinn²-App

8.2.3.6 Einschätzung der Steuerbarkeit

Die **Steuerbarkeit** beschreibt die Art und Weise, inwiefern Nutzer/innen beeinflussen können, wie sie mit der App arbeiten. Hier lässt sich vorausschicken, dass die Sinn²-App als ÖPNV-App für eine Zielgruppe gemacht ist, die vor allem von der Einfachheit ihres Aufbaus und der Bedienung profitiert. Demgemäß erhält die Sinn²-App unter dieser Perspektive hohe Zustimmungswerte. Diejenigen, die es schon einmal probiert haben, einen Vorgang zu unterbrechen und später weiterzuführen, geben an, dass dies funktioniert. Diejenigen, die dies noch nicht ausprobiert haben, konnten hierzu keine Angabe machen. Zwar räumt die Zielgruppe ein, dass die Bearbeitungsschritte starr einzuhalten sind, findet dies jedoch zweckmäßig. Den Wechsel zwischen den einzelnen Menüs empfinden alle Befragten als einfach, die App erzwingt keine unnötigen Unterbrechungen und durch die Filterfunktionen und Routenangaben kann die Zielgruppe die dargebotene Information zufriedenstellend beeinflussen.

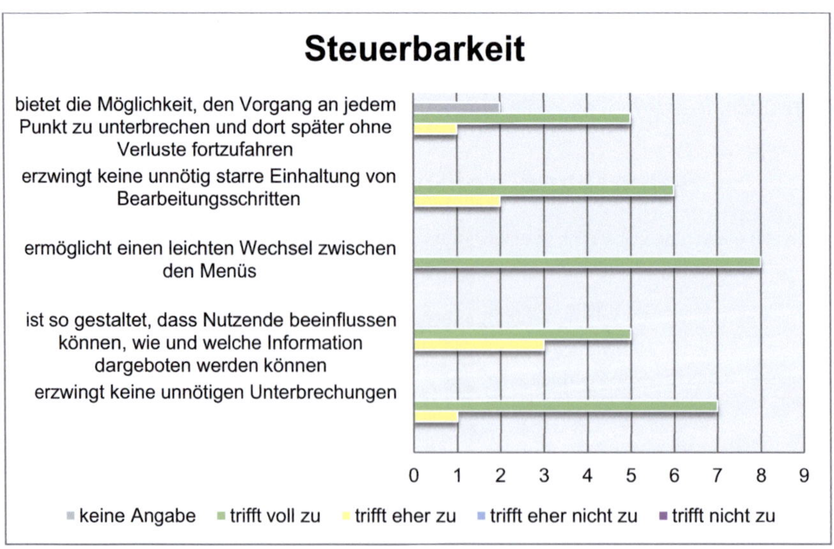

Abbildung 50: Einschätzung der Steuerbarkeit der Sinn²-App

8.2.3.7 Einschätzung der Erwartungskonformität

Im Hinblick auf die **Erwartungskonformität** wird beurteilt, inwiefern die App durch eine einheitliche und verständliche Gestaltung den Erwartungen und Gewohnheiten der Nutzenden entgegenkommt. Auch hier gibt es volle Zustimmungswerte. So entspricht die Anordnung zentraler Elemente den Erwartungen dieses App-Typs, gesuchte Informationen sind erwartungsgemäß platziert und damit schnell zugänglich. Die einheitliche Gestaltung erleichtert die Orientierung, der Prozessablauf ist gut nachvollziehbar, die Bearbeitungszeiten sind kurz. Die Anwender/innen sind in einem ausreichenden Maße darüber informiert, was die App gerade macht und ob die jeweilige Eingabe erfolgreich war.

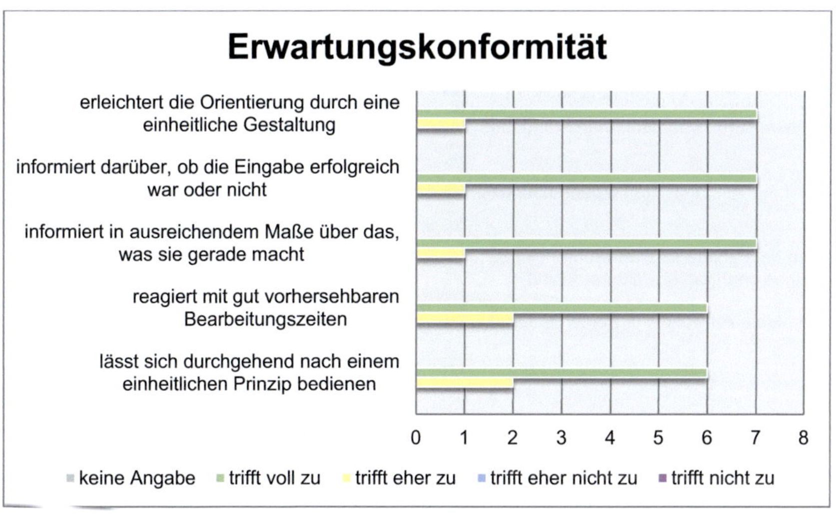

Abbildung 51: Einschätzung der Erwartungskonformität der Sinn²-App

8.2.3.8   Einschätzung der Fehlertoleranz

Ob die Sinn²-App dazu im Stande ist, trotz fehlerhafter Eingaben das beabsichtigte Arbeitsergebnis ohne oder mit einem geringen Korrekturaufwand zu erreichen, wird in der Kategorie der **Fehlertoleranz** fokussiert. In dieser Kategorie konnte der Großteil der Tester/innen keine Angaben machen, da die Sinn²-App während der Testphase bei ihnen schlichtweg keine Fehler produziert hat. Diejenigen, die Erfahrungen mit Fehlern gemacht haben, gaben sehr unterschiedliche Antworten im Hinblick auf die einzelnen Items an. An dieser Stelle können daher keine eindeutigen Angaben zur Fehlertoleranz gemacht werden.

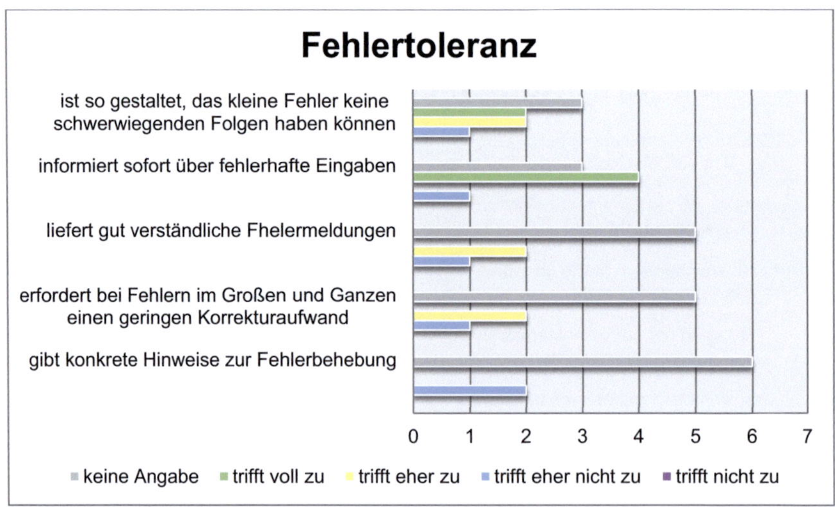

Abbildung 52: Einschätzung der Fehlertoleranz der Sinn²-App

8.2.3.9 Einschätzung der Individualisierbarkeit

Die Kategorie der **Individualisierbarkeit** beinhaltet Items, die näher beschreiben, inwiefern die Benutzer/innen die App ohne großen Aufwand auf ihre individuellen Bedürfnisse und Anforderungen anpassen können. Hierbei wurde deutlich, dass die Sinn²-App im Gegensatz zu anderen Produkten einen sehr dezidierten Funktionsumfang hat, der aufgrund der Praktikabilität für die Zielgruppe von seiner Einheitlichkeit und Struktur lebt. Erweiterungen für neue Anforderungen sind daher nicht vorgesehen. Dennoch hält die App Funktionen vor, die es den Anwender/innen erlauben, die Einstellungen gut an die individuellen Bedürfnisse anzupassen und entsprechend einzurichten. Beispiele hierfür sind die umfassenden Optionen, wie etwa die Filter, die Umsteigegeschwindigkeit, die Farboptionen, Sprechgeschwindigkeit, Favoriten etc. Der Großteil der Tester geht zudem davon aus, dass sich die Sinn²-App sowohl für Anfänger als auch für Experten gleichermaßen eignet.

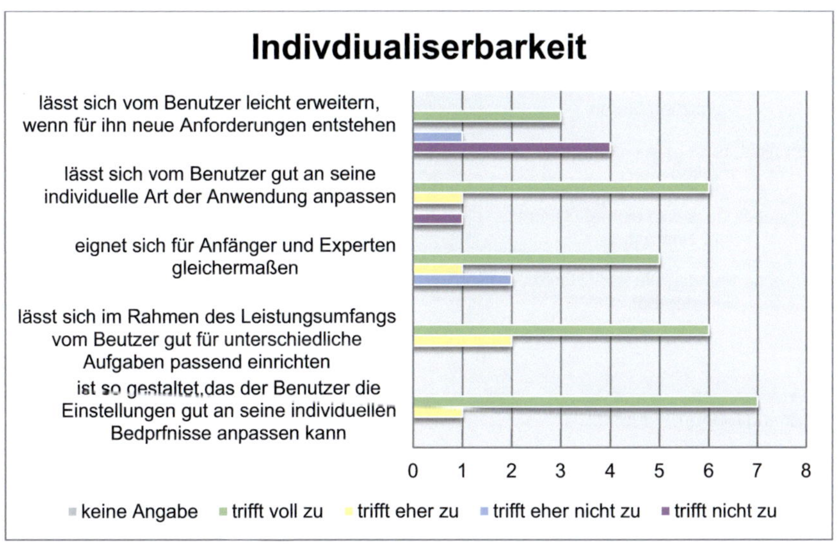

Abbildung 53: Einschätzung der Individualisierbarkeit der Sinn²-App

8.2.3.10 Einschätzung der Lernförderlichkeit

Abschließend soll hier noch die Kategorie der **Lernförderlichkeit** näher betrachtet werden und damit die Frage, ob die Sinn²-App so gestaltet ist, dass sich die Nutzer/innen ohne großen Aufwand einarbeiten können. Die in **Abbildung 54** dargestellten Ergebnisse sprechen dabei eine eindeutige Sprache: Die Sinn²-App erfordert aus Sicht der Tester weder fremde Hilfe noch ein Handbuch, um die Bedienung zu erlernen und es bedarf zum Erlernen einen geringen Zeitaufwand. Zudem muss man sich keine Details merken oder sich nach längerer Nicht-Nutzung neu einlernen. Da bei der Sinn²-App auf Kontinuität gesetzt werden soll, ist es anders als bei anderen Produkten nicht vorgesehen, regelmäßig neue Funktionen anzubieten – vielmehr soll sich nur so viel verändern, wie nötig und so wenig wie möglich.

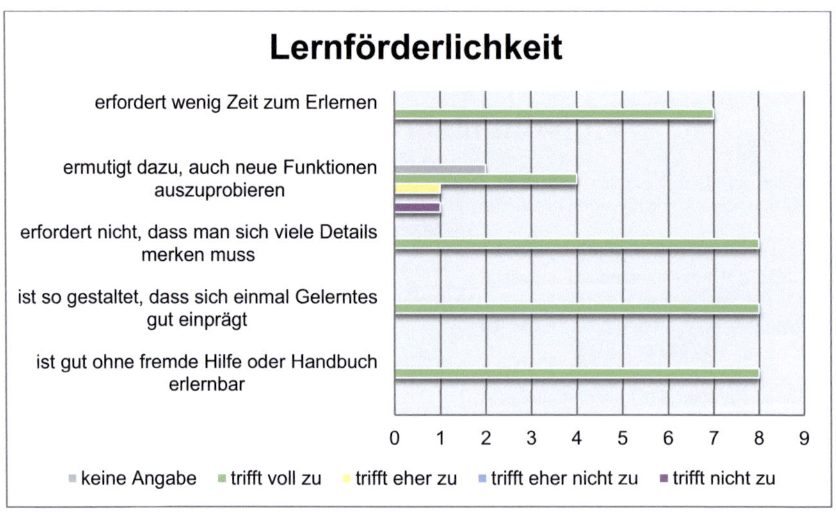

Abbildung 54: Einschätzung der Lernförderlichkeit der Sinn²-App

9 Fazit und Ausblick

„Sinn² bedeutet für mich mehr Unabhängigkeit im VVS"

„Die App hat bislang all meine Erwartungen an sie erfüllt"

„Von der Sinn²-App bin ich total begeistert. Es wäre eine Verschwendung von Ressourcen, wenn diese App nur ein Projekt bleibt."

(Rückmeldungen von Teilnehmern der Pilotphase)

9.1 Ergebnisse des Projekts

„Unsere Welt ist eine Welt des Sehens" – daher sollte im Projekt Sinn² Visuelles **hör- und spürbar** gemacht werden, sodass 100% der enthaltenen Informationen über die Augen oder die Ohren aufgenommen werden können. Damit wären Menschen, die nicht oder nicht gut sehen können, weniger eingeschränkt *„in der Mobilität, der Kommunikation und im Zugang zu Informationen"* (in Anlehnung an DBSV 2017).

Das Ziel des Projekts konnte mit der Entwicklung der Fahrgastinformations-App erreicht werden. Nach Abschluss des Projekts Sinn² liegt die Pilotversion einer Smartphone-App für Blinde und Sehbehinderte vor, die von der Zielgruppe der blinden und sehbehinderten Menschen ausgiebig getestet und positiv bewertet wurde.

Die im Projekt entwickelte Fahrgastinformations-App bietet viele Vorteile. Zum einen bietet sie den Vorteil, dass sich sämtliche Haltestellen des ÖPNV in Baden-Württemberg mit einer barrierefreien sowie echtzeitfähigen Fahrgastinformation zu verhältnismäßig geringem Aufwand ausstatten lassen. Davon profitiert insbesondere der ländliche Raum, da es dort in der Regel keine DFI-Anzeiger oder Lautsprecherdurchsagen gibt. An ländlichen Haltestellen ist auch das Fahrgastaufkommen geringer als in der Stadt, wodurch blinde und sehbehinderte Menschen seltener die Möglichkeit haben, die benötigten Informationen zu erhalten, indem sie andere Fahrgäste fragen, weil niemand sonst vor Ort ist. Das hohe Wirkungspotenzial der App ist insbesondere im Hinblick darauf, dass der ÖPNV bis 2022 barrierefrei sein soll, von Bedeutung.

Zum anderen sind die Anschaffungs- und Betriebskosten der App im Vergleich zu Dynamischen Fahrgastinformationsanzeigern mit akustischer Ausgabe gering, da keine

Infrastruktur in Form von Hardware an den Haltestellen erforderlich ist. Außerdem müssen die Verkehrsunternehmen zur Datenversorgung der Informationsmedien keine Mobilfunk- oder DSL-Verträge abschließen, da die Benutzer der App ihr eigenes Smartphone und ihren eigenen Mobilfunkvertrag nutzen.

Die App erleichtert die Benutzung des ÖPNV vorrangig für blinde und sehbehinderte Menschen. Diese bilden jedoch keine homogene Gruppe, vielmehr begründen sich spezifische Anforderungen auch aus der Lebenslage und dem Mobilitätsverhalten (z. B. altersbedingten Mobilitätseinschränkungen). Die Benutzeroberfläche der App wurde so aufgebaut, dass sie möglichst viele diese individuellen Anforderungen abdeckt. Damit ist die App auch für geistig behinderte Personen sowie Analphabeten aller Altersgruppen interessant, da sich deren Anforderungen zum Teil mit denen der Blinden und Sehbehinderten überschneiden.

Durch die Nutzung der App erhöht sich die Eigenständigkeit der genannten Personengruppen. Das hat wiederum zur Folge, dass zum einen die Personenkilometer im ÖPNV steigen und zum anderen die CO_2-Emissionen sinken, da durch die intensivierte ÖPNV-Nutzung der Bedarf an Fahrdiensten zurückgeht.

9.2   Resümee der Zielgruppe

Laut den Testern ist das Ziel, eine barrierefreie Zwei-Sinne-Fahrgastinformation mit Echtzeitdaten zu entwickeln, gelungen. Sowohl Blinde als auch Menschen mit einer Sehbehinderung können die Sinn²-App einfach handhaben, dabei ihre Sinne je nach individueller Möglichkeit einsetzen und dabei die gleiche Informationsqualität erhalten. Genaugenommen ist die Sinn²-App sogar eine **„Drei-Sinne-Fahrgastinformation"**, da sie neben der visuellen und akustischen Informationswiedergabe zusätzlich imstande ist, bei der Navigation über die Vibrationsfunktion taktiles Feedback zu geben.

Nach der Zufriedenheit mit der Sinn²-App gefragt, gaben alle Tester an, sehr zufrieden mit dem Ergebnis zu sein. Demnach würden sie die App weiterempfehlen und fast alle geben an, dass die Benutzung der App ihnen Spaß bereitet (**joy of use**).

Fragt man die Probanden nach den Stärken des Funktionsumfangs der Sinn²-App, werden alle Menüpunkte genannt. Die Routen- bzw. Schnellplanung als Tool, mit dem unkompliziert auch fremde oder neue Wege erschlossen werden können, die Live-

Auskunft, die rechtzeitig Verspätungen oder Unregelmäßigkeiten anzeigt und die Nutzer/innen bei einer verschobenen Taktung darüber informiert, welche Linie gerade verkehrt, wenn Durchsagen fehlen. Der Aushangfahrplan, der für Sehende selbstverständlich die notwendigen Informationen zu den planmäßigen Abfahrtszeiten bereithält oder die Navigation, die durch ihre „nächstgelegen" Funktion auch an unbekannten Orten die Haltestellen in der Umgebung anzeigt und dabei Auskunft über die Entfernung und Richtung bietet. Diese Funktion hat einen der blinden Tester sogar in die Situation gebracht, sehenden Passanten, die ihn an einem ihm unbekannten Ort nach dem Weg gefragt haben, weiterhelfen zu können. Auch die Routen- und Haltestellenfavoriten werden im Interview als besondere Stärke hervorgehoben, ebenso wird die „Hilfe rufen" Option von den Probanden sehr geschätzt. Und selbst wenn diese im Alltag bisher glücklicherweise noch nie benötigt wurde, bereichert es den Funktionsumfang der App und hebt diese von anderen Produkten auf dem Markt ab. Zudem geben die Testenden an, dass die Anwendung wenig Datenvolumen verbraucht, was die Anwenderfreundlichkeit steigert.

Die Sinn²-App unterstützt die Zielgruppe demnach durch all ihre Funktionen individuell – sei es als Sicherheit gebende Möglichkeit, sich unkompliziert bei Schwierigkeiten auf bekannten Strecken zu informieren oder aber für den täglichen Gebrauch. Die Sinn²-App bietet dabei genau so viel Unterstützung, wie sie die Anwender/innen im Sinne der Bedarfsorientierung brauchen und leistet damit einen wesentlichen Beitrag zu einem gleichberechtigten Zugang zu selbstständiger Mobilität, Kommunikation und Information.

Die Probanden lobten die Stabilität der Sinn²-App, die dazu imstande ist, alle anfallenden Aufgaben im Rahmen ihres Funktionsumfangs unter Einblndung der Echtzeitdaten zu lösen.

9.3 Weiterer Entwicklungsbedarf

Die Sinn²-App unterstützt die Zielgruppe in ihrem täglichen Mobilitätsverhalten. Darüber hinaus zeigte sich in der Testphase, dass es zusätzliche Weiterentwicklungspotentiale gibt, die der Zielgruppe zu einer noch selbstständigeren Nutzung des ÖPNV verhelfen können.

Bisher unterstützt die Sinn²-App die Anwender/innen nicht mit Informationen bezüglich der Barrierefreiheit an Start- oder Endpunkten bzw. innerhalb der Umsteigehaltestellen. Die Schilderungen der Probanden und die Testung haben gezeigt, dass brauchbare Daten über die Umgebung der Route im Hinblick auf (Roll)Treppen, Aufzüge, bestehende oder fehlende Blindenleitlinien, Unterführungen, Ampeln mit akustischem Signal etc. bisher fehlen. Kommt ein blinder Fahrgast an einem unbekannten Bahnhof an, so weiß er nicht, ob der Ausgang oder die Anschlusshaltestelle bzw. das Anschlussgleis entgegen oder in Fahrtrichtung zu finden ist, ob er sich rechts oder links halten muss und ob er eine Treppe oder Unterführungen nutzen kann. Hierbei ist die Zielgruppe noch immer auf die Hilfe einer Begleitperson oder von Passanten angewiesen. Eine systematische Sammlung solcher Informationen über die örtlichen Gegebenheiten an jeder Haltestelle gibt es bisher nicht, weshalb diese Informationen auch nicht in der Sinn²-App zur Verfügung gestellt werden kann. Es sollte daher ein Ziel für die Zukunft im Sinne der Barrierefreiheit sein, eine solche Datenbank zu implementieren und zu pflegen. Dies hätte den Vorteil, dass die Zielgruppe auf Informationen zur gesamten Reiseroute inklusive Laufwegen zurückgreifen könnte. Eine Kombination aus einer barrierefreien ÖPNV- und Navigation-App wäre daher die nächste anzustrebende Entwicklungsstufe.

9.4 Überführung der App in den flächendeckenden Dauerbetrieb

In der Testphase des Projekts wurde die Anbindung der Sinn²-App an die Echtzeitdaten des Stuttgarter Verkehrsverbundes realisiert. Nach Abschluss des Projektes wurde die App nicht „abgeschaltet", sondern steht der Zielgruppe weiterhin zur Verfügung. Dies hat zur Folge, dass Personen, die sich im VVS-Gebiet bewegen, vorerst weiterhin von dieser innovativen Alltagshilfe profitieren können.

Mit der Sinn²-App ist die Grundlage geschaffen, eine landesweite barrierefreie Informationsquelle für blinde und sehbehinderte Menschen aufzubauen. Dazu müssen die Funktionen der App dauerhaft in die Fahrgastinformationsangebote der Verkehrsverbünde integriert werden. Dies kann durch eine Übernahme einzelner Funktionen in die bereits vorhandenen Apps erfolgen oder über die Koppelung einer spezialisierten App mit den vorhanden Angeboten („App-Familie"). Beim inhaltlichen Austausch mit Verkehrsverbünden und Verkehrsunternehmen im Rahmen des Projekts zeigte sich bei den Verkehrsverbünden eine Tendenz dazu, eher eine spezialisierte App in das Informationsangebot mit aufnehmen zu wollen.

Auch die Projekt-Fokusgruppe der Blinden und Sehbehinderten äußerte zum Abschluss des Projektes den dringenden Wunsch, dass die neu geschaffene Informationsmöglichkeit dauerhaft erhalten bleibt und zukünftig in möglichst vielen Verkehrsverbünden zur Verfügung steht, indem sie mit den jeweiligen Echtzeitdaten gespeist wird. Der Wunsch nach Nachhaltigkeit der Sinn²-App war bereits während des gesamten Projektes allgegenwärtig. Es ist daher von höchster Relevanz, die Sinn²-App nach Ende der Projektlaufzeit in die Breite zu tragen und so weiter zu entwickeln, dass die Applikation ortsunabhängig und unkompliziert für jeden auffindbar und einsetzbar ist. Als Nutzer kommen dabei über die Kern-Zielgruppe hinaus auch andere Personengruppen in Frage, wie z. B. ältere Menschen, Kinder oder Personen mit Leseproblemen.

Literaturverzeichnis

Auer, K. 2017: Vertreterin der Blinden- und Sehbehindertenselbsthilfe im Normenausschuss "Kommunikations- und Orientierungshilfen für Blinde und Sehbehinderte". In: nullbarriere 2017: Kontraste im öffentlichen Raum. DIN 32975 - Gestaltung visueller Informationen im öffentlichen Raum zur barrierefreien Nutzung. https://nullbarriere.de/din32975.htm

BLIS 2017: Fahrgastinformation für Sehbehinderte und Blinde in Dresdner Verkehrsbetrieb, Apex GmbH, http://www.apex-jesenice.cz/tyfloset1.php?lang=de

BMVIT 2017: aim4it –Accessible and inclusive mobility for all with individual travel assistance, Bundesministerium für Verkehr, Innovation und Technologie, https://mobilitaetderzukunft.at/de/projekte/personenmobilitaet/aim4it.php

Bortz, J. / Döring N. 1995: Forschungsmethoden und Evaluation für Sozialwissenschaftler. 2. vollständige überarbeitete und aktualisierte Auflage. Springer. Berlin.

BSVW 2014: Blinden- und Sehbehindertenverband Württemberg e.V. (Hrsg.): Umwelt und Verkehr. http://www.bsv-wuerttemberg.de/angebote/umwelt-verkehr.php

Cendon, E. et.al. 2017: Aktionsforschung als intervenierende Begleitforschung? https://de.kobf-qpl.de/blog_posts/41

DBSV 2017: Deutscher Blinden- und Sehbehindertenverband e.V. (Hrsg.): Aufgaben und Ziele. http://www.dbsv.org/aufgaben-ziele.html

DBSV 2012: Deutscher Blinden- und Sehbehindertenverband e. V. (Hrsg.): Ich sehe so, wie du nicht siehst. Wie lebt man mit einer Sehbehinderung? Überarbeitete Neuauflage einer gleichnamigen Broschüre des Bayrischen Blinden- und Sehbehindertenbundes e.V. (BBSB).

DBSVB 2017: Blinden- und Sehbehindertenverein Südbaden e.V. (Hrsg.): Definition von Blindheit, Sehbehinderung und hochgradiger Sehbehinderung. http://bsvsb.org/index.php/definition-sehbehindert.html

Denzin, N. K./ Lincoln, Y. S. 2011: The SAGE Handbook of Qualitative Research (Sage Handbooks), 4. Aufl. Los Angeles u.a.O.

DIMDI 2005: ICF. Internationale Klassifikation der Funktionsfähigkeit, Behinderung und Gesundheit. Deutsches Institut für Medizinische Dokumentation und Information. WHO Kooperationszentrum für das System Internationaler Klassifikationen. World Health Organization. Genf.

LUMINO 2017: DyFis-Talk, LUMINO Licht Elektronik GmbH, www.lumino.de/produkte/mobile-app/dyfis%C2%AE-talk.html

Inman, J. 1835: Navigation and Nautical Astronomy: For the Use of British Seamen, 3. Edition, London, UK: W. Woodward, C. & J. Rivington.

Ivanto 2017: IT for urban mobility, GeoMobile GmbH, www.ivanto.de

Kulig, W. 2013: Behindertenrechtskonvention. In: Theunissen, G. et al.: Handlexikon Geistige Behinderung. Schlüsselbegriffe aus der Heil- und Sonderpädagogik, Sozialen Arbeit, Medizin, Psychologie, Soziologie und Sozialpolitik. 2. Aufl. Stuttgart; S. 50-52.

Kuß, A./Wildner, R./Kreis, H. 2014: Marktforschung: Grundlagen der Datenerhebung und Datenanalyse. 5. Auflage. Springer Gabler. Wiesbaden.

Kutscher, N. 2003: Die Gruppendiskussion. In: Otto, H.-U./Oelerich, G./Micheel, H.-G. (Hrsg.). Empirische Forschung und Soziale Arbeit. Ein Lehr- und Arbeitsbuch. Darmstadt; S. 383-392.

Lamnek, S. 2005: Qualitative Sozialforschung. Lehrbuch. 4., vollständig überarbeitete Auflage. Weinheim, Basel; S. 371f-735.

Martin, U., Horzwurm, G., Krams, B., Hantsch, F., Körner, M. 2015: Besserer Nahverkehr für ländlich geprägte Räume. In: RegioTrans, Informationen für die Wirtschaft. Fachmagazin für den Öffentlichen Personennahverkehr. Ausgabe 2015, Seiten 10 – 11

Mayring, P. 2003: Qualitative Inhaltsanalyse. Grundlagen und Techniken. Weinheim: Beltz.

Mehls, H. 2002: Doch die nicht sehen, zählt man nicht! - Die Notwendigkeit einer zuverlässigen Statistik über Blinde und Sehbehinderte. In: Deutscher Verein der Blinden und Sehbehinderten in Studium und Beruf e. V. (DVBS) (Hrsg.): Marburger Beiträge zur Integration Blinder und Sehbehinderter. 1/2002. http://www.dvbs-online.de/horus/2002-1-1666.htm.

Meyer, K. 1999: Blinde und hochgradig Sehbehinderte in unserer Gesellschaft. https://www.bsbh.org/de/tipps-infos/gesellschaft

MDV 2017: easy.GO Die Wo-Wann-Womit App, MDV Mitteldeutscher Verkehrsverbund GmbH, http://mdv.myeasygo.de/home-mdv.html

Niehoff, U. 2011: Inklusion. In: Deutscher Verein für öffentliche und private Fürsorge e.V. (Hrsg.): Fachlexikon der sozialen Arbeit. 7. Aufl. Baden- Baden; S. 447-448.

Nullbarriere 2017: DIN 32984 Aufmerksamkeitsfelder, Leitstreifen. https://nullbarriere.de/din32984-aufmerksamkeitsfelder.htm

Oliveira, D. 2015: Was ist Blindheit. Eine Reise in die Welt der Nicht-Sehenden. BoD. Norderstedt.

Rau, U. 2012: Barrierefrei - Bauen für die Zukunft. 3. Auflage. Beuth Verlag. Berlin. http://www.blickinsbuch.de/item/0dec34d2f101df9b94b4d6bb08318fcc

Robert Koch-Institut 2017: Blindheit und Sehbehinderung. Reihe Gesundheitsberichterstattung des Bundes. GBE-Themenheft: www.gbebund.de/gbe10/abrechnung.prc_abr_test_logon?p_uid=gast&p_aid=0&p_knoten=FID&p_sprache=D&p_suchstring=26492

Robert Koch-Institut 2014: Daten und Fakten: Ergebnisse der Studie Gesundheit in Deutschland aktuell 2012. Beiträge zur Gesundheitsberichterstattung des Bundes. Zusammenfassung. Berlin. www.rki.de/DE/Content/Gesundheitsmonitoring/Gesundheitsberichterstattung/GBEDownloadsB/GEDA2012/kapitel_zusammenfassung.pdf?__blob=publicationFile

Rösner, H. U. 2014: Behindert sein-behindert werden. Texte zu einer dekonstruktiven Ethik der Anerkennung behinderter Menschen. transcript Verlag. Bielefeld.

Schäfer-Walkmann, S. et al. 2015: Barrierefrei gesund. Sozialwissenschaftliche Analyse der gesundheitlichen Versorgung von Menschen mit einer geistigen Behinderung im Stadtgebiet Stuttgart. Hrsg. vom Caritasverband für Stuttgart e.V. Lambertus. Freiburg im Breisgau.

Schulz, M. 2012: Fokusgruppen in der empirischen Sozialwissenschaft. Von der Konzeption bis zur Auswertung. Wiesbaden.

Statistisches Bundesamt 2017: Statistik der schwerbehinderten Menschen, Kurzbericht www.destatis.de/DE/Publikationen/Thematisch/Gesundheit/BehinderteMenschen/SozialSchwerbehinderteKB5227101159004.pdf?__blob=publicationFile)

Strauss, A. L. 1994: Grundlagen qualitativer Sozialforschung: Datenanalyse und Theoriebildung in der empirischen und soziologischen Forschung. München.

Tritschler, S., Schäfer-Walkmann, S., Schmidhäuser, S., Martin, U., von Molo, C 2017: Sinn² - Die barrierefreie Zwei-Sinne-Fahrgastinformation. In: Der Nahverkehr, (2017) 12, S.18-21

Tritschler, S., Windeisen, H., Dobeschinsky, H., Podolskiy, I. 2013: RUBIK – Anschlusssicherung und Echtzeitinformation im regionalen Busverkehr. In: Internationales Verkehrswesen 03/2013

Universität Hildesheim 2017: Aktionsforschung. Theorien und Forschungsmethoden der Wirtschaftsinformatik. http://cookiis.iis.uni-hildesheim.de/node/13

Wansing, G. 2007: Teilhabe an der Gesellschaft. Menschen mit Behinderung zwischen Inklusion und Exklusion. Wiesbaden.

Welke, A. 2011: UN- Behindertenrechtskonvention. In: Deutscher Verein für öffentliche und private Fürsorge e.V. (Hrsg.): Fachlexikon der sozialen Arbeit. Baden- Baden; S. 916- 917.

Wiltschko, T., Schollmeyer, R., Tritschler, S., Dobeschinsky, H. 2007: Nutzung von Telematiklösungen für einen nachhaltigen Personennahverkehr in der Region. In: Tagungsband zu den 21. Verkehrswissenschaftlichen Tage der TU Dresden - "Innovation und Investition: Wie gestalten wir die Zukunft des Öffentlichen Verkehrs?", 24./25.09.07

Abkürzungsverzeichnis

App	Application Software
BGG	Behindertengleichstellungsgesetz des Bundes
BLE	Bluetooth Low Energy
BLIS	Blindeninformationssystem
BRK	UN - Behindertenrechtskonvention
DB	Deutsche Bahn
DFI	Dynamische Fahrgastinformation
DHBW Stuttgart	Duale Hochschule Baden - Württemberg
GdB	Grad der Behinderung
GEDA	Gesundheit in Deutschland
GPS	Global Positioning System
IEV	Institut für Eisenbahn- und Verkehrswesen
O & M Schulung	Orientierung und Mobilität
ÖPNV	Öffentlicher Personen Nahverkehr
PBefG	Personenbeförderungsgesetz
SMS	Short Message Service
SPA	Stop, Points of Interest, Adress
SPSS	Statistikprogramm
SSB	Stuttgarter Straßenbahn AG
VVS	Verkehrsverbund Stuttgart
VWI	Verkehrswissenschaftliches Institut Stuttgart GmbH
WHO	World Health Organization, Weltgesundheitsorganisation